普通高等教育"十四五"系列教材

Python
编程基础与应用

主　编 ◎ 王　颖
副主编 ◎ 宋　伟　刘　丽　李　敏　程小红

华中科技大学出版社
http://www.hustp.com
中国·武汉

内 容 简 介

本书的主要内容分为 Python 语言的基础知识和高级应用两部分。基础知识部分主要介绍 Python 开发环境,列表、元组、字典、集合、字符串等数据类型的常见操作,流程控制,函数,面向对象程序设计,文件操作,异常处理结构,使用模块和库编程等;高级应用部分主要包括图形用户界面 GUI 编程、图像和语音处理编程、数据库编程、网页爬虫编程、科学计算与可视化编程。本书在重视理论知识的基础上注重相关技术和方法的应用。书中的每章都配有案例和视频,方便读者理解。

本书难度适中,可作为高等本、专科院校计算机相关专业的课程教材,也可作为 Python 编程基础的培训教材,还可作为 Python 编程开发初学者的入门参考书。

为了方便教学,本书还配有电子课件等教学资源包,可以登录"我们爱读书"网(www.ibook4us.com)浏览,或者发邮件至 hustpeiit@163.com 索取。

图书在版编目(CIP)数据

Python 编程基础与应用/王颖主编.—武汉:华中科技大学出版社,2021.6(2023.1重印)
ISBN 978-7-5680-7345-5

Ⅰ.①P… Ⅱ.①王… Ⅲ.①软件工具-程序设计-教材 Ⅳ.①TP311.561

中国版本图书馆 CIP 数据核字(2021)第 140125 号

Python 编程基础与应用 王　颖　主编
Python Biancheng Jichu yu Yingyong

策划编辑:康　序
责任编辑:史永霞
封面设计:孢　子
责任监印:朱　玢

出版发行:华中科技大学出版社(中国·武汉)　　电话:(027)81321913
　　　　　武汉市东湖新技术开发区华工科技园　　邮编:430223
录　　排:武汉三月禾文化传播有限公司
印　　刷:武汉市洪林印务有限公司
开　　本:787mm×1092mm　1/16
印　　张:13
字　　数:333千字
版　　次:2023年1月第1版第2次印刷
定　　价:45.00元

本书若有印装质量问题,请向出版社营销中心调换
全国免费服务热线:400-6679-118　竭诚为您服务
版权所有　侵权必究

前言

PREFACE

Python 是目前最受欢迎的编程语言之一,在 TIOBE 排行榜上长期位居前三。目前学习和关注 Python 的人越来越多,本书以通俗易懂的语言、大量的案例全面讲解了 Python 这门"简单""优雅""易学"的计算机语言。

全书的内容按照"基础知识—高级应用"的顺序,共分为 14 章,其中第 1~9 章介绍 Python 语言基础知识,第 10~14 章介绍 Python 语言的高级应用。具体内容安排如下:第 1 章介绍 Python 概述,包括 Python 语言的起源、开发环境、运行原理等;第 2 章介绍 Python 基础语法,具体包括标识符与关键字、变量与常量、数据类型、运算符与内置函数等;第 3 章介绍字符串与正则表达式的使用方法;第 4 章介绍流程控制语句,具体包括顺序结构、选择结构与循环结构等;第 5 章介绍函数;第 6 章介绍组合数据类型,具体包括列表、元组、字典、集合等常见序列结构的用法;第 7 章介绍面向对象的编程;第 8 章介绍文件和异常;第 9 章介绍使用模块和库编程方法;第 10 章介绍 GUI 编程,主要讲解标准库 tkinter;第 11 章介绍图像与语音处理的编程,主要讲解 PIL 库;第 12 章介绍数据库编程技术,主要讲解 SQLite 和 MySQL 数据库;第 13 章介绍网页爬虫技术,主要讲解 requests 和 bs4 库;第 14 章介绍科学计算与可视化编程,主要讲解 NumPy、SciPy、Matplotlib 库。

本书由武昌首义学院王颖担任主编,由南通理工学院宋伟、武昌首义学院刘丽、南宁学院李敏、咸阳职业技术学院程小红担任副主编。全书由王颖审核并统稿。

本书的完成得到了家人、朋友、同事与领导的支持,在此深表感谢,同时也感谢华中科技大学出版社各位工作人员的帮助。尽管在本书编写过程中查阅了很多资料,核对了所有代码,但由于作者水平有限,加之技术的发展更新速度很快,书中难免存在不足,欢迎各位专家和读者给予宝贵意见,将不胜感激。

为了方便教学,本书还配有电子课件等教学资源包,可以登录"我们爱读书"网(www.ibook4us.com)浏览,或者发邮件至 hustpeiit@163.com 索取。

王 颖

2021 年 1 月 9 日

目录

CONTENTS

第1章 Python 概述 /1

1.1 Python 简介 /1
1.2 Python 的开发环境 /3
1.3 Python 程序的运行原理 /7
1.4 基本输入输出语句 /8
1.5 程序的书写规范 /9

第2章 Python 基础语法 /11

2.1 标识符和关键字 /11
2.2 变量和常量 /11
2.3 数据类型 /12
2.4 运算符 /17
2.5 常用内置函数 /23

第3章 字符串与正则表达式 /25

3.1 字符串的表示 /25
3.2 字符串的格式化 /26
3.3 字符串元素的访问 /29
3.4 字符串运算符 /30
3.5 字符串处理函数 /31
3.6 正则表达式 /36
3.7 应用案例 /43

第4章 程序流程控制 /45

4.1 顺序结构 /45
4.2 选择结构 /45
4.3 循环结构 /47
4.4 特殊语句 /49
4.5 应用案例 /50

第5章 函数 /52

5.1 函数的定义与调用 /52
5.2 函数的参数 /53
5.3 lambda 函数 /55
5.4 递归函数 /56
5.5 变量的作用域 /56
5.6 应用案例 /58

第6章 组合数据类型 /62

6.1 组合数据类型概述 /62
6.2 列表 /63
6.3 元组 /66
6.4 字典 /67
6.5 集合 /70
6.6 序列的常见操作函数 /72
6.7 应用案例 /75

第7章 面向对象编程 /79

7.1 类和对象 /79
7.2 特殊方法 /81
7.3 类的成员 /83
7.4 类属性和实例属性 /85

7.5 方法/86
7.6 封装/90
7.7 继承/91
7.8 多态/95
7.9 应用案例/96

第 8 章　文件和异常/101

8.1 文件/101
8.2 异常/108

第 9 章　使用模块和库编程/115

9.1 模块/115
9.2 Python 的常见库/118

第 10 章　GUI 编程/123

10.1 常见 Python GUI 编程/123
10.2 tkinter 编程概述/123
10.3 tkinter 的常用控件/124
10.4 tkinter 的布局管理/134
10.5 应用案例/138

第 11 章　图像与语音处理/143

11.1 图像处理/143

11.2 语音处理/146

第 12 章　数据库编程/149

12.1 概述/149
12.2 SQLite 编程/149
12.3 MySQL 编程/151
12.4 应用案例/155

第 13 章　网页爬虫编程/163

13.1 基础知识/163
13.2 网页爬取/164
13.3 网页解析/166
13.4 常用的爬虫框架/175
13.5 应用案例/175

第 14 章　科学计算与可视化/182

14.1 NumPy/182
14.2 SciPy/192
14.3 Matplotlib/194

附录　常用函数列表/199

参考文献　/202

第 1 章 Python 概述

1.1 Python 简介

1.1.1 Python 的起源及发展

1989 年圣诞节期间,荷兰人 Guido van Rossum(见图 1-1),为了打发圣诞节的无趣,决心开发一个新的脚本解释程序,取名 Python(蟒蛇),出自他挚爱的电视剧 *Monty Python's Flying Circus*。

是什么促使 Python 的作者设计了这个语言呢? 20 世纪 80 年代个人电脑的配置较之如今是极低的,程序员不得不努力思考如何最大化利用空间,以写出符合机器口味的程序。而正是这点让 Guido 感到苦恼。他认为这样编写程序实在是太过于耗费时间,于是他想到了 shell。

图 1-1 Python 创始人

shell 可以像胶水一样,将 UNIX 下的许多功能连接在一起。然而 shell 的本质是调用命令,它并不是一个真正的语言,shell 不能全面地调动计算机的功能。于是 Guido 开始思考是否能设计一款语言,使它同时具备 C 与 shell 的优点,既能够全面调用计算机的功能接口,又可以轻松编写程序。后来他进入 CWI(Centrum Wiskunde & Informatica,荷兰国家数学和计算机科学研究中心)工作,并参加了 ABC 语言的开发。ABC 语言是一个教学语言,针对非专业的程序员而设计,旨在让语言变得容易阅读、容易使用。但它的可拓展性差,不能直接 IO,过度革新与传播困难,导致它不为大多数程序员所接受与传播。Guido 决心在 Python 中避免这一错误,同时他还想实现在 ABC 中闪现过但未曾实现的东西,这样 Python 就诞生了。

1991 年,第一个 Python 编译器诞生,它是用 C 语言实现的,并能够调用 C 库(.so 文件)。从一出生,Python 已经具有了类、函数、异常处理、包括表和词典在内的核心数据类型,以及模块为基础的拓展系统。Guido 为防止重蹈 ABC 的覆辙,着重注意 Python 的可扩展性,并且也沿用了 C 中的大部分语法习惯,而这使 Python 得到 Guido 同事的欢迎。他们迅速反馈使用意见,并参与到 Python 的改进中。随后 Guido 和一些同事构成 Python 的核心团队,他们将自己大部分的业余时间用于发掘 Python。随后,Python 拓展到研究中心之外。Python 将许多机器层面上的细节隐藏,交给编译器处理,并凸显出逻辑层面的编程思考。Python 程序员可以花更多的时间用于思考程序的逻辑,而不是具体的实现细节,这一特征吸引了广大的程序员,Python 开始流行起来。

发展至今,Python 的框架已经确立。Python 语言以对象为核心组织代码,支持多种编程范式,采用动态类型,自动进行内存回收。Python 支持解释运行,并能调用 C 库进行拓展。Python 提供丰富的 API 和工具,以便程序员能够轻松地使用 C 语言、C++、Cython 来编写扩充模块。Python 编译器本身也可以被集成到其他需要脚本语言的程序内。因此,Python 也被称为"胶水语言"。

在 Python 的发展过程中,形成了 Python 2.×和 Python 3.×两个不同系列的版本,这两个版本之间不兼容。为了满足不同 Python 用户的需求,目前是 Python 2.×和 Python 3.×两个版本并存。Python 2.×的最高版本是 Python 2.7,Python 官网曾宣布,直到 2020 年都不再为 Python 2.×发布新版本,目前也没有新版本出现。Python 3.×从 2008 年开始发布,性能较 Python 2.×有了一定的提升。目前 Python 2.×主要以维护为主,Python 3.×是未来的趋势。本书的所有程序均是在 Python 3.×版本下实现的。

◆ 1.1.2　Python 的特点

Python 具有以下显著的特点:

1) 简单易学

Python 是一种代表简单主义思想的语言。阅读一个良好的 Python 程序就好像在阅读英语段落,虽然这个英语段落的语法要求非常严格。Python 最大的优点之一是具有伪代码的本质,这使得开发 Python 程序时,程序员专注的是解决问题,而不是语言本身。

2) 开源

Python 是 FLOSS(自由/开放源码软件)之一。用户可以查看 Python 源代码,研究其代码细节或进行二次开发。用户不需要为使用 Python 支付费用,也不涉及版权问题。因为开源,越来越多的优秀程序员加入 Python 开发中,Python 的功能也会愈加丰富和完善。

3) 可移植性

Python 的开源本质决定了它可以被移植在许多平台。如果用户的 Python 程序的使用依赖系统的特性,Python 程序可能需要修改与平台相关的代码。Python 的应用平台包括 Linux、Windows、Android、iOS、FreeBSD、Amiga、VxWorks、PlayStation 等。

4) 面向对象

Python 既支持面向过程编程,也支持面向对象编程。在"面向过程"的语言中,程序是由过程或仅仅是可重用代码的函数构建起来的。在"面向对象"的语言中,程序是由数据和功能组合而成的对象构建起来的。与其他主要的语言如 C++和 Java 相比,Python 以一种非常强大又简单的方式实现面向对象编程。

5) 可扩展性

Python 中可以运行 C/C++编写的程序,以便某段关键代码可以运行得更快或者希望不被公开,用户也可以把 Python 嵌入 C/C++编写的程序中,提高 C/C++程序的脚本能力,使其具有良好的可扩展性。

6) 丰富的库

Python 标准库非常庞大,可以完成各种工作,包括正则表达式、文档生成、单元测试、线程、数据库、网页浏览器、FTP、电子邮件、XML、XML-RPC、HTML、WAV 文件、密码系统、

GUI(图形用户界面)和其他与系统有关的操作。除了标准库以外,还有许多其他高质量的第三方库,如 wxPython、Twisted 和 Python 图像库等。

1.1.3 Python 的应用

Python 的应用领域很多,主要有以下方面:

1) Web 开发

Python 包含标准的 Internet 模块,可用于实现网络通信及应用。基于 Python 的第三方开发框架包括 Django、Tornado、Flask 等,可以让程序员方便地开发 Web 应用程序。Google 爬虫、Google 广告、世界上最大的视频网站 YouTube、豆瓣、知乎等都是使用 Python 开发的。

2) 网络爬虫

在爬虫领域,Python 几乎拥有霸主地位,将网络一切数据作为资源,通过自动化程序进行有针对性的数据采集及处理。基于 Python 的爬虫框架 Scrapy 应用非常广泛。

3) 数据分析

数据分析是随着大数据再次兴起的一个领域。有了大量的数据,自然需要对其进行数据清理、数据提取和数据分析。典型的基于 Python 的第三方库有 NumPy、SciPy、Matplotlib 等。随着众多程序库的开发,Python 越来越适合进行科学计算、绘制高质量的 2D 和 3D 图像。例如,美国国家航空航天局(NASA)多使用 Python 进行数据分析和运算。

4) 人工智能

Python 在人工智能领域内的机器学习、神经网络、深度学习等方面都是主流的编程语言。使用各种第三方机器学习、神经网络第三方库,大大降低了对机器学习算法、模型的建构、训练和测试的难度。

5) 自动化运维

Python 是运维人员必备的语言。Python 标准库包含多个调用操作系统的库。通过第三方软件包 pywin32,Python 能够访问 Windows API,使用 IronPython,Python 能够直接调用 NET Framework。一般来说,使用 Python 编写的系统管理脚本在可读性、性能、代码重用度、扩张性等方面要优于普通的 Shell 脚本。

6) 云计算

Python 是云计算方面应用最广的语言,典型应用 OpenStack 就是一个开源云计算管理平台。

1.2 Python 的开发环境

1.2.1 Python 的下载和安装

在不同的平台上,安装 Python 的方法是不同的。本节主要介绍 Windows 环境下的安装方法。

打开 Python 官网链接 http://www.python.org,选择 Downloads 下的 Windows,如图 1-2 所示。

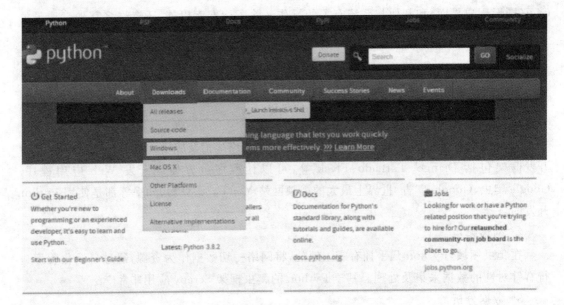

图 1-2　Python 官网页面

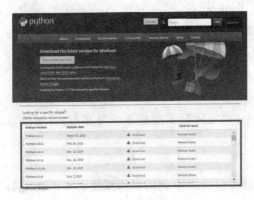

图 1-3　Python 安装包下载页面

选择需要下载的 Python 安装包版本进行下载，如图 1-3 所示。

点击 Download，在打开页面中找到“Files”，如图 1-4 所示。

页面中信息如下：

● Gzipped source tarball 和 XZ compressed source tarball 是 Linux 系统和 CentOS 系统下载的版本。Linux 和 CentOS 自带 Python，一般不用再下载 Python。

● macOS 64-bit installer：Mac 电脑 64 位系统版本。

Files

Version	Operating System	Description	MD5 Sum	File Size	GPG
Gzipped source tarball	Source release		d348d978a5387512fbc7d7d52dd3a5ef	23161893	SIG
XZ compressed source tarball	Source release		172c650156f7bea68ce31b2fd01fa766	17268888	SIG
macOS 64-bit installer	Mac OS X	for OS X 10.9 and later	47b06433e242c8eb848e035965a860ac	29163525	SIG
Windows help file	Windows		89bb2ea8c5838bd2612de600bd301d32	8183265	SIG
Windows x86-64 embeddable zip file	Windows	for AMD64/EM64T/x64	6aa3b1c327561bda256f2deebf038dc9	7444654	SIG
Windows x86-64 executable installer	Windows	for AMD64/EM64T/x64	e0c910087459df78d827eb1554489663	26797616	SIG
Windows x86-64 web-based installer	Windows	for AMD64/EM64T/x64	d1d09dad50247738d8ac2479e4cde4af	1348896	SIG
Windows x86 embeddable zip file	Windows		29672b400490ea21995c6dbae4c4e1c8	6614968	SIG
Windows x86 executable installer	Windows		e9db9cf43b4f2472d75a055380871045	25747128	SIG
Windows x86 web-based installer	Windows		8b326250252f15e199879701f5e53c76	1319912	SIG

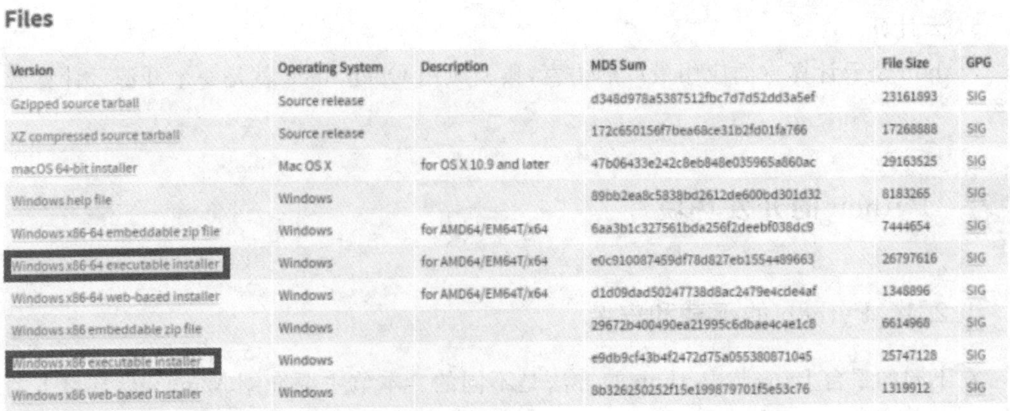

图 1-4　Files 页面

● Windows help file：Windows 帮助文档。

● Windows x86-64：Windows 64 位操作系统版本。

● Windows x86：Windows 32 位操作系统版本。

● embeddable zip file：解压安装。下载的是一个压缩文件，解压后即表示安装完成。

● executable installer：程序安装。下载的是一个.exe可执行程序，双击进行安装。

● web-based installer：在线安装。下载的是一个.exe可执行程序，双击后，该程序自动下载安装文件(需要有网络)进行安装。

选择与本机匹配的 executable installer 版本下载。完成后双击执行下载的.exe程序，进入安装界面。安装界面可以选择默认安装，也可以自定义安装，如图1-5所示。其他步骤默认即可，安装成功后的界面如图1-6所示。

图1-5　安装页面

图1-6　安装成功

>   注意：
> 图1-5所示"Add Python 3.7 to PATH"一定要勾选，否则需要手动配置环境变量。还需将C:\Users\Administrator\AppData\Local\Programs\Python\Python37-32 和 C:\Users\admin\AppData\Local\Programs\Python\Python37-32\Scripts(默认安装路径)添加到系统变量 path 中。

安装成功后，在控制台输入 python，控制台会打印出 Python 的版本信息，如图1-7所示。

图1-7　控制台输出效果

1.2.2　IDLE 开发环境

上述步骤完成后，单击系统的开始菜单，然后依次选择"所有程序—Python 3.7—IDLE (Python 3.7 32-bit)"菜单项，即可打开 IDLE 窗口，此为 Python 自带编辑器，所有的代码均在此环境下编辑运行，如图1-8所示。

在 IDLE 环境下，运行 Python 程序一般有两种方式：交互方式和文件方式。

（1）交互方式：在提示符＞＞＞后输入相应命令，按回车键即可，如图1-9所示。若语句显示结果不正确，则抛出错误原因。该方式一般用于调试少量代码。该方式的缺点为程序无法永久保存，关掉CMD窗口数据就消失。

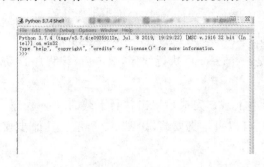

图1-8　IDLE窗口

图1-9　交互方式

（2）文件方式：编程方式，用户将Python代码写在程序文件中，然后启动Python解释器批量执行文件中的代码。文件方式是最常用的编程方式。计算机的编程语言只使用文件方式。

在IDLE主窗口的菜单栏上，选择"File—New File"菜单项，将打开一个新窗口；在该窗口中，可以直接编写修改Python代码；选择"File—Save"菜单项，保存文件，.py是Python文件的扩展名。选择"Run—Run Module"菜单项，运行程序，运行结果显示在Python Shell窗口。

1.2.3　PyCharm集成开发环境

PyCharm是一个非常好用的Python IDE，它是由JetBrains开发的。PyCharm作为一个IDE，它具备的功能有很多，比如调试、语法高亮、Project管理、代码跳转、智能提示、自动完成、单元测试、版本控制等。接下来将对PyCharm的下载安装和使用进行介绍。

图1-10　PyCharm的下载页面

访问PyCharm官方网址http://www.jetbrains.com/pycharm/download/，进入PyCharm的下载页面，如图1-10所示。

用户可以根据不同的平台下载PyCharm，并且每个平台可以选择下载Professional和Community两个版本。这两个版本的特点如下：

Professional版本是需要付费的版本，它提供Python IDE的所有功能，支持Web开发，支持Django、Flask、Google App引擎、Pyramid和web2py，支持JavaScript、CoffeeScript、TypeScript、CSS和Cython等，支持远程开发、Python分析器、数据库和SQL语句。

Community版本是轻量级的Python IDE，只支持Python开发，适合初学者使用，如果是开发Python的应用项目，则需要下载Professional版本。

安装PyCharm的过程十分简单，用户只需要按照安装向导提示一步一步操作即可。（具体过程不再介绍。）

PyCharm安装完成后，就可以使用了。第一次使用PyCharm会显示若干初始化的调试信息，保持默认值即可。如果不是第一次启动PyCharm，并且之前创建过项目，则打开界面如图1-11所示。历史项目会出现在窗口的左侧,右侧有三个选项,含义如下:"Create New Project"用来创建一个新项目;"Open"用来打开已经存在的项目;"Check out from Version Control"从版本控制中检查出项目。

创建项目选择第一个,单击"Create New Project"进入项目设置界面,选择项目存放路径,如图1-12所示。

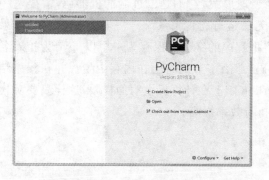
图 1-11　PyCharm 打开界面

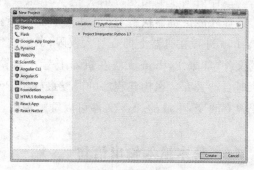
图 1-12　创建项目界面

项目创建完成后,若需要在项目中创建 Python 文件,选中项目名称,单击鼠标右键,在弹出的快捷菜单中选择"New—Python File",如图1-13所示。

在创建好的 Python 文件中,可以编写第一个 Python 程序了。在 hello.py 文件中输入下列语句:

```
print("Hello World!")
```

单击右键,在弹出的快捷菜单中选择"Run'hello'"运行程序,程序的输出结果如图1-14所示。

图 1-13　在项目中创建 Python 文件

图 1-14　编写代码并运行

> **注意:**
> 本书第1～10章代码在 IDLE 环境中实现,第11～14章代码在 PyCharm 环境中实现。

1.3　Python 程序的运行原理

Python 是一种脚本语言,编辑完成的源程序,也称为源代码。从计算机的角度看,Python 程序的运行执行两个步骤:Python 解释器将源代码(.py)转换为字节码(.pyc),然后由 Python 虚拟机(PVM)解释执行,如图1-15所示。

图 1-15　Python 程序运行过程

编译后的字节码是特定于 Python 的一种表现形式,它不是二进制的机器码,需要进一步编译才能被机器执行,这也是 Python 代码无法运行得像 C/C++一样快的原因。如果 Python 进程在机器上拥有写入权限,那么它将把程序的字节码保存为一个以.pyc 为扩展名的文件;如果 Python 无法在机器上写入字节码,那么字节码将会在内存中生成并在程序结束时自动丢弃。在构建程序的时候最好给 Python 赋上在计算机上写的权限,这样只要源代码没有改变,生成的.pyc 文件可以重复利用,执行效率提高。

1.4　基本输入输出语句

Python 的内置函数 input()和 print()用于输入和输出数据。下面介绍这两个函数的使用方法。

1. input()函数

input()函数用于取得用户的输入数据,其语法格式如下:

```
varname=input("promptMessage")
```

其中,varname 是 input()函数返回的字符串数据,promptMessage 是提示信息,其参数可以省略。当程序执行到 input()函数时,会暂停执行,等待用户输入,用户输入的全部数据均作为输入内容。

需要注意的是,如果要得到整数或小数,可以使用 eval()函数得到表达式的值,也可以使用 int()或 float()函数进行转换。eval()函数会将字符串对象转化为有效的表达式,再参与求值运算,返回计算结果。

2. print()函数

print()函数可完成基本的输出操作。其语法格式如下:

```
print([obj1,…][,sep=''][,end='\n'][,file=sys.stdout])
```

print()函数的所有参数均可省略。如果没有参数,print()函数将输出一个空行。根据 print()函数给出的参数,在实际应用中分为以下几种情况。

- 同时输出一个或多个对象:在输出多个对象时,对象之间默认用逗号分隔。
- 指定输出分隔符,使用 sep 参数指定特定符号作为输出对象的分隔符号。
- 指定输出结尾符号,默认以回车换行符作为输出结尾符号,可以用 end 参数指定输出结尾符号。
- 输出到文件,默认输出到显示器(标准输出),使用 file 参数可指定输出到特定文件。

例 1-1　input()和 print()函数的使用。

```
>>>str=input("请输入需要显示的信息:")
请输入需要显示的信息:Hello,Python!
>>>print(str)
Hello,Python!
```

```
>>>x,y,z=10,20,30
>>>print(x,y,z)                    # 多个参数用逗号分隔
10 20 30
>>>print(x);print(y);print(z)      # 3个print()语句,默认分行显示
10
20
30
>>>print(x,end="");print(y,end="");print(z)    # 输出不换行
10 20 30
```

1.5 程序的书写规范

1. 缩进

Python 最具特色的就是使用缩进来表示代码块。Python 程序是依靠代码块的缩进来体现代码之间的逻辑关系的,缩进结束就表示一个代码块结束了。缩进的空格数是可变的,但是同一个代码块的语句必须包含相同的缩进空格数。一般而言,以 4 个空格为基本缩进单位,不同的文本编辑器中制表符代表的空白宽度不一致,如果我们使用的代码要跨平台使用,建议大家不要使用制表符。

2. 注释

注释用于说明程序或者语句的功能。Python 中常用的注释方式有两种:单行注释和多行注释。

(1) 单行注释以 # 开头,可以是独立的一行,也可以附在语句的后面,例如:

```
# 该语句为单行注释语句
print("Hello,Python!")
```

(2) 多行注释可以使用三引号作为开头和结束符号,三引号可以是三个单引号'''或者三个双引号""",例如:

```
"""
这是一个多行注释!
这是一个多行注释!
这是一个多行注释!
"""
print("Hello,Python!")
```

3. 语句换行

Python 语句通常是一行书写一条语句。如果语句太长,可以在行尾加上"\"(反斜杠)来换行。例如:

```
sum=one+\
two+\
+three
```

需要注意的是,在 [ ]、{ } 或 ( ) 中的语句,不需要再使用反斜杠进行换行。例如:

```
sum=[1,2,3,
4,5]
```

本章习题

一、选择题

1. 不属于 Python 语言特点的是（   ）。
   A. 简单易学　　　　B. 开源　　　　　　C. 面向过程　　　　D. 可移植性

2. Python 语言属于（   ）。
   A. 机器语言　　　　B. 汇编语言　　　　C. 高级语言　　　　D. 科学计算语言

3. 关于 Python 语言的注释，以下选项中描述错误的是（   ）。
   A. Python 语言的单行注释以单引号'开头
   B. Python 语言有两种注释方式：单行注释和多行注释
   C. Python 语言的单行注释以#开头
   D. Python 语言的多行注释以'''（三个单引号）开头和结尾

4. 以下关于 Python 缩进的描述中，错误的是（   ）。
   A. Python 用严格的缩进表示程序的格式框架，所有代码都需要在行前至少加一个空格
   B. 缩进是可以嵌套的，从而形成多层缩进
   C. 缩进表达了所属关系和代码块的所属范围
   D. 判断、循环、函数等都能够通过缩进包含一批代码

5. 在 Python 语言中，可以作为源文件后缀名的是（   ）。
   A. python　　　　　B. pdf　　　　　　C. py　　　　　　　D. pyc

二、简答题

1. 简述 Python 的特点及应用领域（至少 3 个）。
2. 简述 Python 程序的执行原理。

第 2 章 Python 基础语法

2.1 标识符和关键字

计算机中的数据如一个变量、一个函数等都需要有名称,以方便程序使用。这些由开发人员自定义的符号和名称叫作标识符。例如,变量名、函数名等都是标识符。

Python 中的标识符由字母、数字和下划线"_"组成,其命名方式需要遵守一定的规则,具体如下:

(1) 标识符由字母、下划线和数字组成,且不能以数字开头。例如,fromStu12 是合法的标识符,from♯Stu♯是不合法的标识符,2abc 是不合法的标识符,标识符不能以数字开头。

(2) Python 中的标识符是区分大小写的。例如,abc 和 Abc 是不同的标识符。

(3) Python 中的标识符不能使用计算机语言中预留有特殊作用的关键字。例如,if 不能作为标识符。

(4) 命名尽量符合见名知意的原则,这样可以提高代码的可读性。

Python 保留某些单词用作特殊用途,这些单词被称为关键字,也叫保留字。用户定义的标识符(变量名、方法名等)不能与关键字相同。可以通过以下命令查看当前系统中 Python 的关键字。

```
import keyword
keyword.kwlist
```

Python 常用关键字如下所示,若需要查看关键字的信息,可输入 help() 命令进入帮助界面查看。

and	as	assert	break	class	continue
def	del	elif	else	except	False
finally	for	from	global	if	import
in	is	lambda	nonlocal	not	or
None	pass	raise	return	True	try
while	with	yield			

2.2 变量和常量

变量是计算机内存的存储位置的表示,也叫内存变量,用于在程序中临时保存数据。变

量用标识符来命名,变量名区分大小写。Python 定义变量的格式如下:

```
varName=value
```

其中,varName 是变量名,value 是变量的值,这个过程被称为变量赋值,"="被称为赋值运算符,即把"="后面的值传递给前面的变量名。

关于变量,使用时需要注意以下几点:

● 计算机语言中的赋值不同于数学中的等于(=)。若 x=8,赋值运算的含义是将 8 赋予变量 x;若 x=x+1,赋值运算的含义是将 x 加 1 之后的值再赋予 x,x 的值是 9,这与数学中的等于(=)含义是不同的。

● Python 中的变量具有类型的概念,变量的类型由所赋的值来决定。在 Python 中,只要定义了一个变量,并且该变量存储了数据,那么变量的数据类型就已经确定了,系统会自动识别变量的数据类型。例如:若 x=8,则 x 是整型数据;若 x="Hello",则 x 是一个字符串类型。变量也可以是列表、元组或对象等类型。

与变量对应,计算机语言中还有常量的概念。常量就是在程序运行期间值不发生改变的量。常量是内存中用于保存固定值的单元,常量也有各种数据类型。例如"Python"、3.14、100、True 等都是常量,其类型定义与 Python 的数据类型是相符的。

在 Python 中,通常用全部大写的变量名表示常量,但事实上 PI 仍然是一个变量,Python 根本没有任何机制保证 PI 不会被改变,所以,用全部大写的变量名表示常量只是一个习惯上的用法。

2.3 数据类型

Python 的数据类型如图 2-1 所示,具体包括基本数据类型和组合数据类型,其中基本数据类型包括数值类型(Number)和字符串类型(String),数值类型具体包括整数类型(Int)、浮点型(Float)、复数类型(Complex)、布尔类型(Bool)4 种,组合数据类型包括列表类型(List)、元组类型(Tuple)、字典类型(Dict)、集合类型(Set)。其中不可变数据类型包括数值类型、字符串类型、元组类型,可变数据类型包括列表类型、字典类型、集合类型。

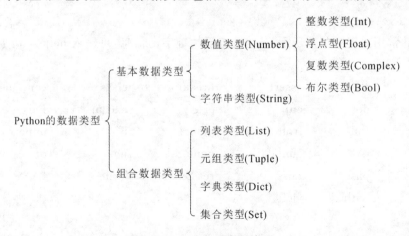

图 2-1 Python 的数据类型

2.3.1 整数类型

整数类型简称整型,它与数学中整数的概念一致。整型数据的表示方式有4种,分别是十进制、二进制(以"OB"或"Ob"开头)、八进制(以"0o"或"0O"开头)和十六进制(以"Ox"或"OX"开头)。在 Python 3 中只有一种整数类型 int,表示长整型,没有 Python 2 中的 Long。Python 的整型数据理论上的取值范围是$(-\infty, \infty)$,实际的取值范围受限于运行 Python 程序的计算机内存大小。Python 有多种数据类型,例如 100,21,0O234,0o67,0B1011,0b1101,0x1FF,0X1DF,并且有些数据类型的表现形式相同或相近,使用 Python 的内置函数 type()可以测试各种数据类型。

例 2-1 整数类型的使用。

```
>>>x=0O234
>>>y=0B1011
>>>z=0X1DF
>>>print(x,y,z)
156 11 479
>>>type(x),type(y),type(z)
(< class'int'>,< class'int'>,< class'int'>)
```

2.3.2 浮点型

浮点型用于表示数学中的实数,是带有小数的数据类型。例如,3.14、10.0 都属于浮点型。浮点型可以用十进制或科学计数法表示。用科学计数法表示的浮点型数据如 3.22e3,0.24E6,1.5E−3。E 或 e 表示基数是 10,后面的整数表示指数,指数的正负使用+号或者−号表示,其中,+号可以省略。

浮点数类型直接表示或科学计数法表示中的系数(<a>)最长可输出 16 个数字,浮点数运算结果中最长可输出 17 个数字,然而,根据 sys.float_info 的结果,计算机只能够提供 15 个数字(dig)的准确性,最后一位由计算机根据二进制计算结果确定,存在误差,浮点数在超过 15 位数字计算中产生的误差与计算机内部采用二进制运算有关,使用浮点数无法进行极高精度的数学运算。Python 的浮点型占 8 个字节,能表示的数的范围是$[2^{-1023}, 2^{1023}]$,即$[-2.225 \times 10^{308}, 1.797 \times 10^{308}]$,运算精度为$2.220 \times 10^{-16}$,但是对于除高精度科学计算外的绝大部分运算来说,浮点数类型足够"可靠",一般认为浮点数类型没有范围限制,运算结果准确。

例 2-2 浮点类型的使用。

```
>>>a=3.14
>>>a
3.14
>>>b=1e100
>>>b
1e+100
>>>type(a),type(b)
(<class 'float'>,<class 'float'>)
```

2.3.3 复数类型

复数类型用于表示数学中的复数。例如，5+3j、-3.4-6.8j 都是复数类型。多数计算机语言没有复数类型，Python 中的复数类型有以下特点。
- 复数由实数部分 real 和虚数部分 imag 构成，表示为 real+imagj 或 real+imagJ。
- 实数部分 real 和虚数部分 imag 都是浮点型。

需要说明的是，一个复数必须有表示虚部的实数和 j，如 1j、-1j 都是复数，而 0.0 不是复数，并且表示虚部的实数部分即使是 1 也不可以省略。

复数的示例代码如下，从运行结果可以看出，复数的实部和虚部都是浮点数。

例 2-3 复数类型的使用。

```
>>>f1=3.3+2j
>>>print(f1)
(3.3+2j)
>>>type(f1)
<class'complex'>
>>>f1.real
3.3
>>>f1.imag
2.0
```

2.3.4 布尔类型

布尔类型可以看作是一种特殊的整型，布尔型数据只有两个取值：True 和 False。如果将布尔值进行数值运算，True 会被当作整型 1，False 会被当作整型 0。每一个 Python 对象都自动具有布尔值（True 或 False），进而可用于布尔测试（如用在 if 结构或 while 结构中）。

以下对象的布尔值都是 False，包括 None、False、整型 0、浮点型 0.0、复数 0.0+0.0j、空字符串""、空列表[]、空元组()、空字典{}，这些数据的值可以用 Python 的内置函数 bool() 来测试。

例 2-4 布尔类型的使用。

```
>>>x1=0
>>>type(x1),bool(x1)
(<class 'int'>,False)
>>>x2=0.0
>>>type(x2),bool(x2)
(<class 'float'>,False)
>>>x3=0.0+0.0j
>>>type(x3),bool(x3)
(<class 'complex'>,False)
```

2.3.5 字符串型

字符串是一种表示文本的数据类型，字符串中的字符可以是 ASCII 字符、各种符号以及各种 Unicode 字符。

Python 中的字符串可以使用单引号、双引号、三引号（三对单引号或者三对双引号）包含字符。其中，单引号和双引号都可以表示单行字符串，两者作用相同。三引号可以表示单行或多行字符串。

例 2-5 字符串类型的使用。

```
>>>print('a')
a
>>>print("123")
123
>>>print("""Hello,Python!""")
Hello,Python!
```

字符串的运算和操作将在第 3 章详细介绍。

2.3.6 列表类型

Python 中的列表是一种序列类型，列表是一种数据集合。列表用中括号"["和"]"来表示，列表中每个元素以逗号进行分隔，类型可以不相同。列表的运算和操作将在第 6 章详细介绍。

例 2-6 列表类型的创建。

```
>>>s1=[1,2,3,4]                    # 创建的列表中包含相同类型的数据
>>>s1
[1,2,3,4]
>>>s2=["one","two","Python","three"]
>>>s2
['one','two','Python','three']
>>>s3=[1,2,"three"]                # 创建的列表中包含不同类型的数据
>>>s3
[1,2,'three']
>>>s4=[]                           # 创建空列表
>>>s4
[]
>>>s5=['abc',1,2.5,[0,0]]          # 创建的列表中包括列表的嵌套
>>>s5
['abc',1,2.5,[0,0]]
```

2.3.7 元组类型

元组是由 0 个或多个元素组成的不可变序列类型。元组与列表的区别在于元组的元素不能修改。创建元组时，只要将元组的元素用小括号括起来，并使用逗号隔开即可。元组的运算和操作将在第 6 章详细介绍。

例 2-7 元组类型的创建。

```
>>>t1=(1,2,3,4,5)                  # 创建的元组中包含相同类型的数据
>>>t1
```

```
(1,2,3,4,5)
>>>t2=('one','two',1,2)              # 创建的元组中包含不同类型的数据
>>>t2
('one','two',1,2)
>>>t3='a','b','c'                    # 创建元组时声明元组的括号可以省略
>>>t3
('a','b','c')
>>>t4=(12,)                          # 创建仅有一个元素的元组
>>>t4
(12,)
>>>t5=tuple()
>>>t5                                # 空元组
()
```

◆ 2.3.8 字典类型

字典类型是 Python 中唯一内置的映射类型，可用来实现通过数据查找关联数据的功能。字典是键值对的无序集合。字典中的每一个元素都包含两部分：键和值。字典用大括号"{"和"}"来表示，每个元素的键和值用冒号分隔，元素之间用逗号分隔。字典的运算和操作将在第 6 章详细介绍。

例 2-8　字典类型的创建。

```
>>>dict1={'Sno':'001','Name':'张三','Sex':'男','Dept':'计算机系'}   # 通过赋值=创建
>>>dict1
{'Sno':'001','Name':'张三','Sex':'男','Dept':'计算机系'}
>>>keys=['a','b','c','d']                       # 利用已有数据创建
>>>values=[1,2,3,4]
>>>dict2=dict(zip(keys,values))
>>>dict2
{'a': 1,'c': 3,'b': 2,'d': 4}
>>>dict3=dict(name='Wang',age=30)               # 根据给定的键、值创建
>>>dict3
{'age': 30,'name': 'Wang'}
>>>dict4=dict.fromkeys(['name','age','sex'])    # 以给定内容为键,创建值为空的字典
>>>dict4
{'age': None,'name': None,'sex': None}
>>>dict5={}                                     # 空字典
>>>dict5
{}
```

◆ 2.3.9 集合类型

在 Python 中，集合是一组对象的集合，对象可以是各种类型。集合由各种类型的元素组成，但元素之间没有任何顺序，并且元素都不重复。集合的运算和操作将在第 6 章介绍。

例 2-9 集合类型的创建。

```
>>>a={8,9,10,11,12,13}
>>>a
{8,9,10,11,12,13}
>>>b=set([0,1,2,3,0,1,2,3,7,8])     # 自动去除重复
>>>b
{0,1,2,3,7,8}
>>>c=set()                           # 空集合
set()
```

2.4 运算符

运算符是用于表示不同运算类型的符号,运算符可分为算术运算符、比较运算符、逻辑运算符、赋值运算符等,Python 的变量由运算符连接就构成了表达式。

2.4.1 算术运算符

算术运算符可以完成数学中的加、减、乘、除四则运算,具体如表 2-1 所示。

表 2-1 算术运算符

运 算 符	相 关 说 明
+	加:两个对象相加
-	减:得到负数或一个数减去另一个数
*	乘:两个数相乘或返回一个被重复若干次的字符串
/	除:例如 x/y,即 x 除以 y
%	取余:返回除法的余数
**	幂:例如 x**y,即返回 x 的 y 次幂
//	取整除:返回商的整数部分

例 2-10 算术运算符的使用。

```
>>>x=20
>>>y=10
>>>x+y
30
>>>x-y
10
>>>x*y
200
>>>x/y
2.0
>>>x%y
0
```

```
>>>x**y
10240000000000
>>>x//y
2
```

2.4.2 赋值运算符

赋值运算符用于计算表达式的值并送给变量,将赋值号右边的值送给赋值号左边的变量,赋值表达式的运算方向是从右到左。例如,x=x+1 就是一个合法的赋值运算,先计算 x+1 的值,再送给赋值号左边 x,这和数学中的等式是完全不同的含义。

在 Python 中,赋值运算有 3 种情况:单一变量赋值;多个变量赋一个值;多个变量赋多个值。接下来,通过一段示例代码来演示。

例 2-11 单一变量的赋值。

```
>>>num=1
>>>num
1
```

例 2-12 多个变量赋一个值。

```
>>>x=y=z=1
>>>x
1
>>>y
1
>>>z
1
```

例 2-13 多个变量赋多个值。

```
>>> a,b=1,2
>>> a
1
>>>b
2
```

需要注意的是,Python 不支持 C 语言中的自增(++)和自减(——)操作符。

赋值运算符可以和算术运算符组合成复合赋值运算符,如+=、-=、*=等,这是一种缩写形式,在对变量改变的时候显得更为简单,具体如表 2-2 所示。

表 2-2 复合赋值运算符

运算符	相关说明	实 例
+=	加法赋值运算符	c+=a 等效于 c=c+a
-=	减法赋值运算符	c-=a 等效于 c=c-a
*=	乘法赋值运算符	c*=a 等效于 c=c*a
/=	除法赋值运算符	c/=a 等效于 c=c/a
%=	取模赋值运算符	c%=a 等效于 c=c%a
**=	幂赋值运算符	c**=a 等效于 c=c**a
//=	取整除赋值运算符	c//=a 等效于 c=c//a

例 2-14 复合赋值运算符的使用。

```
>>>x=12
>>>y=6
>>>z=4
>>>x+=y
>>>x
18
>>>x-=y
>>>x
12
>>>x*=y
>>>x
72
>>>x/=y
>>>x
12.0
>>>x%=y
>>>x
0.0
>>>y**=z
>>>y
1296
>>>y//=z
>>>y
324
```

2.4.3 比较运算符

比较运算符用于比较两个数,其返回的结果只能是 True 或 False。表 2-3 列举了 Python 中的比较运算符。

表 2-3 比较运算符

运算符	相关说明
==	如果两个操作数相等,则返回 True,否则返回 False
!=	如果两个操作数不相等,则返回 True,否则返回 False
>	如果左操作数大于右操作数,则返回 True,否则返回 False
<	如果左操作数小于右操作数,则返回 True,否则返回 False
>=	如果左操作数大于或等于右操作数,则返回 True,否则返回 False
<=	如果左操作数小于或等于右操作数,则返回 True,否则返回 False

例 2-15 比较运算符的使用。

```
>>>x=15
>>>y=3
>>>x==y
False
>>>x!=y
True
>>>x>y
True
>>>x<y
False
>>>x>=y
True
>>>x<=y
False
```

2.4.4 逻辑运算符

Python 支持逻辑运算符，表 2-4 列举了 Python 中的逻辑运算符。

表 2-4 逻辑运算符

运算符	逻辑表达式	描述
and	x and y	布尔"与"，如果 x 为 False，返回 False，否则返回 y 的计算值
or	x or y	布尔"或"，如果 x 为 True，返回 True，否则返回 y 的计算值
not	not x	布尔"非"，如果 x 为 True，返回 False，否则返回 True

例 2-16 逻辑运算符的使用。

```
>>>x=10
>>>y=15
>>>x and y
15
>>>x or y
10
>>>not x
False
>>>not y
False
```

2.4.5 成员运算符

Python 中的成员运算符用于判断指定序列中是否包含某个值，如果包含，返回 True，否则返回 False。表 2-5 列举了 Python 中的成员运算符。

表 2-5 成员运算符

运算符	描述	实例
in	如果在指定的序列中找到值返回 True,否则返回 False	x 在 y 序列中,如果 x 在 y 序列中返回 True
not in	如果在指定的序列中没有找到值返回 True,否则返回 False	x 不在 y 序列中,如果 x 不在 y 序列中返回 True

例 2-17 成员运算符的使用。

```
>>>s={"one","two","three"}
>>>"one" in s
True
>>>"four" in s
False
```

2.4.6 身份运算符

Python 中的身份运算符用于判断两个标志符是不是引用自同一个对象,如果是,返回 True,否则返回 False。表 2-6 列举了 Python 中的身份运算符。

表 2-6 身份运算符

运算符	描述	实例
is	判断两个标识符是不是引用自同一个对象	x is y,类似 id(x)==id(y),如果引用的是同一个对象则返回 True,否则返回 False
not is	判断两个标识符是不是引用自不同对象	x is not y,类似 id(x)!=id(y),如果引用的是不同对象则返回 True,否则返回 False

需要注意的是,is 与==的区别:is 用于判断两个变量引用对象是否为同一个(同一块内存空间),==用于判断引用变量的值是否相等。

例 2-18 身份运算符的使用。

```
>>>a=10
>>>b=10
>>>a is b
True
>>>b=20
>>>a is b
False
>>>a==b
False
```

2.4.7 位运算符

位运算符用于对整数中的位进行测试、置位或移位处理,可以对数据进行按位操作。表 2-7 列举了 Python 的位运算符。

表 2-7 位运算符

运算符	用法	描述
~	~op1	按位取反
&	op1&op2	按位与
|	op1|op2	按位或
^	op1^op2	按位异或
>>	op1>>op2	右移 op2 位
<<	op1<<op2	左移 op2 位

例 2-19 位运算符的使用。

```
>>>x=12          # 12=0000 1100
>>>y=6           # 6=0000 0110
>>>~x            # -13=1000 1101
-13
>>>x&y           # 4=0000 0100
4
>>>x|y           # 14=0000 1110
14
>>>x^y           # 10=0000 1010
10
>>>x>>2          # 3=0000 0011
3
>>>y<<1          # 3=0000 0011
12               # 12=0000 1100
```

◆ 2.4.8 运算符的优先级

表达式中的运算符是存在优先级的。优先级是指在同一表达式中多个运算符被执行的次序。在计算表达式值时,应按运算符的优先级别由高到低的次序执行。表 2-8 列出了从最高到最低优先级的运算符。

表 2-8 运算符优先级

运算符	描述
**	指数(最高优先级)
~、+、-	按位取反、一元加号、一元减号
*、/、%、//	乘、除、取余、整除
+、-	加法、减法
>>、<<	右移、左移
&	按位与
^、|	按位异或、按位或
<=、<、>、>=	比较运算符
==、!=	等于运算符
=、+=、-=、*=、**=、/=、%=、//=	赋值运算符
is、not is	身份运算符
or、and	逻辑运算符

例 2-20 运算符优先级的使用。

```
>>>x=20
>>>b=10
>>>c=15
>>>y=20
>>>z=15
>>>m=5
>>>n=0
>>>(x+y)*z/m
120.0
>>>((x+y)*z)/m
120.0
>>>(x+y)/(z/m)
13.333333333333334
>>>x+(y*z)/m
80.0
```

2.5 常用内置函数

内置函数是可以自动加载、直接使用的函数。Python 提供了很多能实现各种功能的内置函数,具体可见附录。下面分类介绍常见内置函数的使用。

◆ 2.5.1 数学运算函数

与数学运算相关的常用 Python 内置函数如表 2-9 所示。

表 2-9 常用的数学运算函数

函 数 名	功 能 说 明	示 例
abs()	返回参数的绝对值	abs(−5)、abs(3.14159)
divmod()	返回两个数值的商和余数	divmod(10,4)
max()	返回可迭代对象的元素的最大值或者所有参数的最大值	max(−4,−5,−8,−6)
min()	返回可迭代对象的元素的最小值或者所有参数的最小值	min(−4,−5,−8,−6)
pow()	求两个参数的幂运算值	pow(2,4)、pow(2,3,5)
round()	返回浮点数的四舍五入值	round(3.15)、round(3.14,1)
sum()	对元素类型是数值的可迭代对象的每个元素求和	sum(1,2,3,4)

需要特别注意的是,pow(2,3,5)的含义是 pow(2,3)%5,结果为 3。另外,max()函数还有另外一种形式 max(−9,9,0,key=abs),其中的第 3 个参数是运算规则,结果是取绝对值后再求最大值数据。

◆ 2.5.2 类型转换函数

类型转换函数主要用于不同数据类型之间的转换。常见的类型转换函数如表 2-10 所示。

表 2-10 常见的类型转换函数

函 数 名	功 能 说 明	示 例
bool()	将传入的参数转换成布尔值	bool(0)、bool('3.141')
int()	将传入的参数转换成整数类型	int(3.14)
float()	将传入的参数转换成浮点数类型	float(3)、float('3.141')
complex()	将传入的参数转换成复数	complex('1+6j')
str()	将传入的参数转换为字符串	str(123)、str('abc')
ord()	将传入的参数转换为它对应的整数值	ord('a')
chr()	将传入的参数转换为一个字符	chr(97)
bin()	将传入的参数转换为一个二进制的字符串	bin(4)
oct()	将传入的参数转换为一个八进制的字符串	oct(7)
hex()	将传入的参数转换为一个十六进制的字符串	hex(15)

需要特别注意的是：int()不传入参数时，返回值 0；float()不传入参数时，返回 0.0；complex()的两个参数都不提供时，返回复数 0j。

本章习题

一、选择题

1. 以下选项中不符合 Python 语言变量命名规则的是(　　)。
   A. TempStr　　　B. 3_1　　　C. _A1　　　D. I

2. 以下不属于 Python 语言保留字的是(　　)。
   A. do　　　B. while　　　C. True　　　D. pass

3. 下列选项中，Python 不支持的数据类型有(　　)。
   A. int　　　B. char　　　C. float　　　D. dictionary

4. 以下代码的输出结果是(　　)。
   x=2+9 * ((3 * 12)-8) // 10
   print(x)
   A. 26　　　B. 27.2　　　C. 28.2　　　D. 27

5. 下列语句中,(　　)在 Python 中是非法的。
   A. x=y=z=1　　　B. x=(y=z+1)　　　C. x,y=y,x　　　D. x+=y

6. 下列表达式中,返回 True 的是(　　)。
   A. b=2
   　　a=2
   　　a=b
   B. 3>2>1　　　C. True and False　　　D. 2!=2

二、简答题

1. 简述 Python 标识符的命名规则。
2. 简述 Python 常用数据类型的种类。

三、编程题

1. 编写程序,输入三门课程成绩,计算平均值和总分。
2. 编写程序,输入一个三位数整数,输出百位、十位、个位上的数字。

第 3 章 字符串与正则表达式

3.1 字符串的表示

字符串是一种表示文本的数据类型,字符串中的字符可以是 ASCII 字符、各种符号以及各种 Unicode 字符。Python 中的字符串可以使用一对单引号(')、双引号(")、三引号(''')包含字符。其中,单引号和双引号都可以表示单行字符串,两者作用相同。使用单引号时,双引号可以作为字符串的一部分;使用双引号时,单引号可以作为字符串的一部分。三引号可以表示单行或者多行字符串。例如:

```
'a',"123","""Hello,word!"""
```

需要注意的是,Python 中字符串属于不可变序列类型,不能对字符串对象进行元素的增加、修改、删除等操作。例如,word[0]='m'会导致错误。

需要在字符中使用特殊字符时,Python 用反斜杠(\)转义字符表示,例如:

```
>>>'let\'s go! go'
"let's go! go"
```

上述代码中使用反斜杠的方式,对单引号进行了转义,这样当解释器遇到这个转义字符时会明白这不是字符串的结束标记。而这样的转义字符有很多种,具体如表 3-1 所示。

表 3-1 常用的转义字符

转义字符	描述
\(在行尾时)	续行符
\\	反斜杠符号
\'	单引号
\"	双引号
\a	响铃
\b	退格(Backspace)
\e	转义
\000	空
\n	换行
\v	纵向制表符
\t	横向制表符

续表

转义字符	描 述
\r	回车
\f	换页
\oyy	八进制数,yy 代表的字符,例如:\o12 代表换行
\xyy	十六进制数,yy 代表的字符,例如:\x0a 代表换行
\other	其他的字符以普通格式输出

为了避免对字符串中的转义字符进行转义,可以使用原始字符串,在字符串前面加上字母 r 或 R 表示原始字符串,其中的所有字符都表示原始的含义而不会进行任何转义。例如:

```
>>>print('Ru\noob')
Ru oob
>>>print(r'Ru\noob')
Ru\noob
```

3.2 字符串的格式化

Python 支持两种字符串的格式化方法:一种是使用格式化操作符"%";另一种是采用专门的 str.format()方法。Python 的后续版本中不再改进使用%操作符的格式化方法,而是主要使用 format()方法实现字符串的格式化。

1. %操作符

Python 的%操作符可用于格式化字符串,控制字符串的呈现格式。格式化字符串时,Python 使用一个字符串作为模板。模板中有格式符,这些格式符为显示值预留位置,并说明显示值应该呈现的格式。

使用%操作符格式化字符串的模板格式如下:

```
%[(name)][flags][width].[precision]typecode
```

下面介绍字符串模板的参数和格式化控制符。

1) 字符串模板的参数

name:可选参数,当需要格式化的值为字典类型时,用于指定字典的 key。

flags:可选参数,可供选择的值如下。

+:表示右对齐,正数前添加正号,负数前添加负号。

-:表示左对齐,正数前无符号,负数前添加负号。

空格:表示右对齐,正数前添加空格,负数前添加负号。

0:表示右对齐,正数前无符号,负数前添加负号,并用 0 填充空白处。

width:可选参数,指定格式化字符串的占用宽度。

precision:可选参数,指定数值型数据保留的小数位数。

typecode:必选参数,指定格式化控制符。

2) 格式化控制符

格式化控制符用于控制字符串模板中不同符号的显示,例如可以显示为字符串、整数、浮点数等形式。常用的字符串格式化控制符如表 3-2 所示。

表 3-2 常用的字符串格式化控制符

符号	描述
%c	格式化字符及其 ASCII 码
%s	格式化字符串
%d	格式化整数
%u	格式化无符号整型
%o	格式化无符号八进制数
%x	格式化无符号十六进制数
%X	格式化无符号十六进制数(大写)
%f	格式化浮点数,可指定小数点后的精度
%e	用科学计数法格式化浮点数
%E	作用同%e,用科学计数法格式化浮点数
%g	%f 和%e 的简写
%G	%f 和%E 的简写
%p	用十六进制数格式化变量的地址

例 3-1 用%操作符格式化字符串。

```
#显示十进制数,将浮点数转换为十进制数
>>>"%d%d"%(12,12.3)
'12 12'
#设定十进制数的显示宽度
>>>"%6d%6d"%(12,12.3)
'    12    12'
#设定十进制数的显示宽度和对齐方式
>>>"%-6d"%(12)
'12    '
#以浮点数方式显示
>>>"%f"%(100)
'100.000000'
#以浮点数方式显示,并设置其宽度和小数位数
>>>"%6.2f"%(100)
'100.00'
#以科学计数法表示
>>>"%e"%(100)
'1.000000e+02'
#显示字符串和整数,并分别设置其宽度
>>>"%10s is%-3d years old"%("Rose",18)
'      Rose is 18  years old'
```

2. format()方法

从 Python 2.6 开始,增加了一种格式化字符串的 str.format()方法,这种方法方便了用户对字符串进行格式化处理。

1) 模板字符串与 format()方法中参数的对应关系

str.format()方法中的 str 被称为模板字符串,其中包括多个由"{}"表示的占位符,这些占位符接收 format()方法中的参数。str 模板字符串与 format()方法中的参数的对应关系有以下 3 种情况。

(1) 位置参数匹配:在模板字符串中,如果占位符{}为空(没有表示顺序的序号),将会按照参数出现的先后次序进行匹配。如果占位符{}指定了参数的序号,则会按照序号替换对应参数。

(2) 使用键值对的关键字参数匹配:format()方法中的参数用键值对形式表示时,在模板字符串中用"键"来表示。

(3) 使用序列的索引作为参数匹配:如果 format()方法中的参数是列表或元组,可以用其索引(序号)来匹配。

例 3-2　模板字符串与 format()方法中的参数关系。

```
>>>"{}is{}years old".format("Rose",18)           # 位置参数
'Rose is 18 years old'
>>>"{0}is{1}years old".format("Rose",18)
'Rose is 18 years old'
>>>"Hi,{0}! {0}is{1}years old".format("Rose",18)
'Hi,Rose! Rose is 18 years old'
>>>"{name}was born in{year},He is{age}years old".format(name="Rose",age=18,
year=2000)                                       # 关键字参数
'Rose was born in 2000,He is 18 years old'
>>>student=["Rose",18]                           # 下标参数
>>>school=("Dalian","LNNU")
>>>"{1[0]}was born in{0[0]},She is{1[1]}years old".format(school,student)
'Rose was born in Dalian,She is 18 years old'
```

2) 模板字符串 str 的格式控制

下面详细说明模板字符串 str 的格式控制,其语法格式如下:

:[[fill]　align]　[sign]　[width]　[,]　[.precision]　[type]
:[[填充]对齐]　[标志]　[宽度]　[,]　[.精度]　[类型]

模板字符串参数的含义如下:

- 冒号(:):引导符号。
- fill:可选参数,用于填充空白处的字符。
- align:可选参数,用于控制对齐方式,配合 width 参数使用。align 参数的取值如下:

  <:内容左对齐。

  >:内容右对齐(默认)。

  ^:内容居中对齐。

- sign:可选参数,数字前的符号。

＋：在正数数值前添加正号，在负数数值前添加负号。
－：在正数数值前不变，在负数数值前添加负号。
空格：在正数数值前添加空格，在负数数值前添加负号。
- width：可选参数，指定格式化后的字符串所占的宽度。
- 逗号(,)：可选参数，为数字添加千分位分隔符。
- precision：可选参数，指定小数位的精度，注意该参数前有小数点。
- type：可选参数，指定格式化的类型。

整数常用的格式化类型包括以下几种：
- b，将十进制整数自动转换成二进制表示，然后格式化；
- c，将十进制整数自动转换为其对应的 Unicode 字符；
- d，十进制整数；
- o，将十进制整数自动转换成八进制表示，然后格式化；
- x，将十进制整数自动转换成十六进制表示，然后格式化(小写 x)；
- X，将十进制整数自动转换成十六进制表示，然后格式化(大写 X)。

浮点型常用的格式化类型包括以下几种：
- e，转换为科学计数法(小写 e)表示，然后格式化；
- E，转换为科学计数法(大写 E)表示，然后格式化；
- f，转换为浮点型(默认保留小数点后 6 位)表示，然后格式化；
- F，转换为浮点型(默认保留小数点后 6 位)表示，然后格式化；
- %，输出浮点数的百分比形式。

例 3-3 使用 str.format()方法格式化字符串。

```
>>>print('{:* >8}'.format('3.14'))          # 宽度 8 位，右对齐
****3.14
>>>print('{:* < 8}'.format('3.14'))         # 宽度 8 位，左对齐
3.14****
>>>print('{0:^8},{0:* ^8}'.format('3.14'))  # 宽度 8 位，居中对齐
  3.14  ,**3.14**# 科学计数法表示
>>>print('{0:e},{0:.2e}'.format(3.14159))
3.141590e+00,3.14e+00
```

3.3 字符串元素的访问

Python 不支持单字符类型，单字符在 Python 中是作为一个字符串使用的。如果希望访问字符串中的值，需要使用下标来实现。例如，字符串 name='abcdef'，在内存中的存储方式如图 3-1 所示。

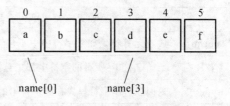

图 3-1 字符串 name 的存储方式

在图 3-1 中，每个字符都对应着一个编号，并且编号是从 0 开始的，这些编号就代表着下标。如果要从字符串中取出字符，可以通过下标获

取。例如，取出字符 d，它对应的下标位置为 3，所以用 name[3] 取出来。

可以使用切片操作截取字符串元素。切片是指对操作的对象截取其中一部分的操作。字符串、列表、元组都支持切片操作。切片的语法格式如下：

[起始:结束:步长]

其中，第一个数字表示切片开始位置（默认为 0），第二个数字表示切片截止（但不包含）位置（默认为列表长度），第三个数字表示切片的步长（默认为 1），当步长省略时可以顺便省略最后一个冒号。需要注意的是，切片选取的区间属于左闭右开型，即从"起始"位开始，到"结束"位的前一位结束（不包含结束位本身）。

接下来，通过一个例子来演示如何使用切片操作。

例 3-4 切片操作的使用。

```
>>>name="abcdef"
>>>name[0:3]          # 取下标为 0～2 的字符
'abc'
>>>name[3:5]          # 取下标为 3、4 的字符
'de'
>>>name[1:-1]         # 取下标为 1 开始到最后第 2 个之间的字符
'bcde'
>>>name[2:]           # 取下标从 2 开始到最后的字符
'cdef'
>>>name[::-2]         # 倒序从后往前,取步长为 2 的字符
'fdb'
```

3.4 字符串运算符

字符串由若干字符组成。为实现字符串的连接、子串的选择等，Python 提供了系列字符串的运算符，如表 3-3 所示。

表 3-3 字符串运算符

运算符	描述
+	字符串连接
*	重复输出字符串
[]	通过索引获取字符串中的字符
[:]	截取字符串中的一部分
in	成员运算符。如果字符串中包含给定的字符,返回 True
not in	成员运算符。如果字符串中不包含给定的字符,返回 True
r/R	原始字符串:所有的字符串都是直接按照字面的意思来使用,没有转义特殊或不能打印的字符
b	返回二进制字符串。在原字符串的第一个引号前加上字母 b,可用于书写二进制文件,如 b'123,
%	格式化字符串操作符

3.5 字符串处理函数

除了支持序列通用方法(包括双向索引、比较大小、计算长度、元素访问、切片、成员测试等操作)以外,字符串类型还支持一些特有的操作方法,例如字符串格式化、查找、替换、排版等。常见的字符串处理函数如表 3-4 至表 3-11 所示。

表 3-4 字符串的大小写转换函数

函 数 名	功 能 描 述
lower()	转换字符串中的大写字符为小写字符
upper()	转换字符串中的小写字符为大写字符
capitalize()	将字符串中的第一个字符转换为大写
swapcase()	英文字符大小写互换
title()	转换字符串的所有单词的第一个字符都大写

例 3-5 字符串大小写转换函数的使用。

```
>>>s="What is Your Name?"
>>>s.lower()              # 返回小写字符串
'what is your name?'
>>>s.upper()              # 返回大写字符串
'WHAT IS YOUR NAME?'
>>>s.capitalize()         # 字符串首字符大写
'What is your name?'
>>>s.title()              # 每个单词的首字母大写
'What Is Your Name?'
>>>s.swapcase()           # 大小写互换
'wHAT iS yOUR nAME?'
```

表 3-5 字符串的查找替换函数

函 数 名	功 能 描 述
find(str[,start[,end]])	返回在切片 str[start:end]中找到子字符串 sub 在字符串中的最低索引。如果未找到 sub,则返回-1
index(str[,start[,end]])	与 find()功能类似,但是在未找到子字符串时引发 ValueError 异常
rfind(str[,start[,end]])	与 find()功能类似,从右侧开始查找
rindex(str[,start[,end]])	与 index()功能类似,从右侧开始查找
replace(old,new[,count])	返回该字符串的副本,其中所有出现的子字符串 old 都替换为 new。如果指定了 count,则替换不超过 count 次

例 3-6　字符串查找替换函数的使用。

```
>>>s="apple,peach,banana,peach,pear"
>>>s.find("peach")
6
>>>s.find("peach",7)
19
>>>s.find("peach",7,20)
-1
>>>s.rfind('p')
25
>>>s.index('p')
1
>>>s.index('pear')
25
>>>s.index('ppp')
Traceback (most recent call last):
  File "< pyshell# 11>",line 1,in< module>
    s.index('ppp')
ValueError: substring not found
>>>s.count('p')
5
>>>s.count('pp')
1
>>>s.count('ppp')
0
>>>s="中国,中国"
>>>s
中国,中国
>>>s2=s.replace("中国","中华人民")
>>>s2
中华人民,中华人民
```

表 3-6　字符串的判断函数

函 数 名	功 能 描 述
isalnum()	检查字符串是否由字母数字字符组成
isalpha()	检查字符串是否仅由字母组成
isdecimal()	检查字符串是否只包含十进制字符
isdigit()	检查字符串是否仅由数字组成
islower()	检查字符串中是否所有字符(字母)都是小写的
isnumeric()	检查字符串是否仅由数字字符组成
isspace()	检查字符串是否由空格组成
isupper()	检查字符串中是否所有字符(字母)都是大写的

例 3-7 字符串判断函数的使用。

```
>>>'1234abcd'.isalnum()
True
>>>'1234abcd'.isalpha()
False
>>>'1234abcd'.isdigit()
False
>>>'1234abcd'.islower()
True
>>>'1234abcd'.isnumeric()
False
>>>'1234abcd'.isspace()
False
>>>'1234abcd'.isupper()
False
>>>'1234abcd'.isdecimal()
False
```

表 3-7 字符串的头尾判断函数

函 数 名	功 能 描 述
startswith(str[,start[,end]])	检查字符串是否以 str 开头,如果是返回 True,否则返回 False。如果指定了 start 和 end 的值,则在指定范围内检查
endswith(str[,start[,end]])	检查字符串是否以 str 结尾,如果是返回 True,否则返回 False。如果指定了 start 和 end 的值,则在指定范围内检查

例 3-8 字符串头尾判断函数的使用。

```
>>>s='Beautiful is better than ugly.'
>>>s.startswith('Be')              # 检测整个字符串
True
>>>s.startswith('Be',5)            # 指定检测范围起始位置
False
>>>s.startswith('Be',0,5)          # 指定检测范围起始和结束位置
True
```

表 3-8 字符串的计算函数

函 数 名	功 能 描 述
len(str)	返回字符串的长度
max()	返回字符串中的最大字符
min()	返回字符串中的最小字符
count(str[,start[,end]])	返回 str 出现的次数。如果指定了 start 或 end 值,则返回指定范围内 str 出现的次数

例 3-9 字符串计算函数的使用。

```
>>>x='Hello world.'
>>>len(x)                    # 字符串长度
12
>>>max(x)                    # 最大字符
'w'
>>>min(x)
' '
>>>s.count('o')
2
```

表 3-9 字符串的对齐函数

函 数 名	功 能 描 述
center(width,fillchar)	返回一个长度为 width 两边用 fillchar(单字符)填充的字符串,即原字符串居中,两边用 fillchar 填充,默认为空格。若字符串的长度大于 width,则直接返回原字符串
ljust(width[,fillchar])	返回左对齐的对象。使用指定的填充字节(默认为 ASCII 空间)完成填充。对于 bytes 对象,如果 width 小于或等于 len,则返回原始序列
rjust(width[,fillchar])	返回右对齐的对象。使用指定的填充字节(默认为 ASCII 空间)完成填充。对于 bytes 对象,如果 width 小于或等于 len,则返回原始序列

例 3-10 字符串对齐函数的使用。

```
>>>'Hello world!'.center(20)         # 居中对齐,以空格进行填充
'    Hello world!    '
>>>'Hello world!'.center(20,'=')     # 居中对齐,以字符=进行填充
'====Hello world! ===='
>>>'Hello world!'.ljust(20,'=')      # 左对齐
'Hello world!========'
>>>'Hello world!'.rjust(20,'=')      # 右对齐
'========Hello world!'
```

表 3-10 字符串的拆分合并函数

函 数 名	功 能 描 述
split(sep[,maxsplit])	以 sep 作为分隔符,返回字符串中单词的列表。如果指定了 maxsplit,则最多完成 maxsplit 个分割(因此,列表最多包含 maxsplit＋1 个元素)。如果未指定 maxsplit 或－1,则分割数没有限制(进行所有可能的分割)
partition()	将字符串分割成 3 元的元组,第一个为分隔符左边的子串,第二个为分隔符本身,第三个为分隔符右边的子串
rpartition()	类似于 partition()方法,只是从字符串右边开始分割
join()	返回一个字符串,该字符串是可迭代的字符串的串联。如果有可迭代的任何非字符串值(包括字节对象),则会引发 TypeError。元素之间的分隔符是提供此方法的字符串

例 3-11 字符串拆分合并函数的使用。

```
>>>s="apple,peach,banana,pear"
>>>li=s.split(",")
>>>li
["apple","peach","banana","pear"]
>>>s.partition(',')
('apple',',','peach,banana,pear')
>>>s.rpartition(',')
('apple,peach,banana',',','pear')
>>>s.rpartition('banana')
('apple,peach,','banana',',pear')
>>>s="2014-10-31"
>>>li=["apple","peach","banana","pear"]
>>>sep=","
>>>s=sep.join(li)
>>>s="apple,peach,banana,pear"
>>>t=s.split("-")
>>>print(t)
['2014','10','31']
```

表 3-11 删除字符串中的空格函数

函 数 名	功 能 描 述
lstrip()	返回删除了字符串的前导空格的字符串的副本
rstrip()	返回删除了字符串的尾随空格的字符串的副本
strip()	返回删除前导和尾随字符的字符串的副本

例 3-12 字符串删除空格函数的使用。

```
>>>s=" abc   "
>>>s2=s.strip()                    #删除空白字符
>>>s2
"abc"
>>>'\n\nhello world   \n\n'.strip()    #删除空白字符
'hello world'
>>>"aaaassddf".strip("a")              #删除指定字符
"ssddf"
>>>"aaaassddf".strip("af")
"ssdd"
>>>"aaaassddfaaa".rstrip("a")          #删除字符串右端指定字符
'aaaassddf'
>>>"aaaassddfaaa".lstrip("a")          #删除字符串左端指定字符
'ssddfaaa'
```

3.6 正则表达式

处理字符串除了使用上述字符串处理函数以外,还可以使用正则表达式。正则表达式(regular expressions),通常被简称为 REs 或 regexes,是一些由字符和特殊符号组成的字符串,它们能使用预定义的特定模式匹配一类具有共同特征的字符串。

一个正则表达式可以表示无限数量的字符串,只要字符串满足正则表达式的需求即可。使用正则表达式可以完成以下功能:

- 测试字符串内的模式。例如可以测试输入字符串,可以查看字符串内是否出现电话号码模式或信用卡号码模式,即数据验证。
- 替换文本。可以使用正则表达式来识别文档中的特定文本,完全删除该文本或者用其他文本替换它。
- 基于模式匹配从字符串中提取子字符串。可以查找文档内或输入域内特定的文本。

3.6.1 正则表达式的构造

构造正则表达式的方法和创建数学表达式的方法一样。正则表达式是由普通字符以及特殊字符(称为"元字符")组成的文字模式。普通字符包括所有大写和小写字母、所有数字、所有标点符号和一些其他符号。元字符包括以下符号:

.^$*+?{}[]\|()

通过元字符及其不同组合可以巧妙地构造正则表达式,匹配任意字符串,完成复杂的字符串处理任务。常用的正则表达式元字符如表 3-12 所示。

表 3-12 正则表达式常用元字符

字　　符	描　　述
\	将下一个字符标记为一个特殊字符,或一个原义字符,或一个向后引用,或一个八进制转义符。例如,'n' 匹配字符 "n"。'\n' 匹配一个换行符。序列 '\\' 匹配 "\",而 "\(" 则匹配 "("
^	匹配输入字符串的开始位置
$	匹配输入字符串的结束位置
*	匹配前面的子表达式零次或多次。例如,zo* 能匹配 "z" 以及 "zoo"。* 等价于{0,}
+	匹配前面的子表达式一次或多次。例如,'zo+' 能匹配 "zo" 以及 "zoo",但不能匹配 "z"。+ 等价于 {1,}
?	匹配前面的子表达式零次或一次。例如,"do(es)?" 可以匹配 "do" 或 "does" 。? 等价于 {0,1}。当该字符紧跟在任何一个其他限制符 (*,+,?,{n},{n,},{n,m}) 后面时,匹配模式是非贪婪的。非贪婪模式尽可能少地匹配所搜索的字符串,而默认的贪婪模式则尽可能多地匹配所搜索的字符串。例如,对于字符串 "oooo",'o+?' 将匹配单个 "o",而 'o+' 将匹配所有 'o'
{n}	n 是一个非负整数。匹配确定的 n 次。例如,'o{2}' 不能匹配 "Bob" 中的 'o',但是能匹配 "food" 中的两个 o
{n,}	n 是一个非负整数。至少匹配 n 次。例如,'o{2,}' 不能匹配 "Bob" 中的 'o',但能匹配 "foooood" 中的所有 o。'o{1,}' 等价于 'o+'。'o{0,}' 则等价于 'o*'
{n,m}	m 和 n 均为非负整数,其中 n≤m。最少匹配 n 次且最多匹配 m 次。例如,"o{1,3}" 将匹配 "fooooood" 中的前三个 o。'o{0,1}' 等价于 'o?'。请注意在逗号和两个数之间不能有空格

续表

字 符	描 述
.	匹配除换行符(\n、\r)之外的任何单个字符。要匹配包括'\n'在内的任何字符,请使用像"(.|\n)"的模式
x|y	匹配 x 或 y。例如,'z|food'能匹配"z"或"food"。'(z|f)ood'则匹配"zood"或"food"
[xyz]	字符集合。匹配所包含的任意一个字符。例如,'[abc]'可以匹配"plain"中的'a'
[^xyz]	负值字符集合。匹配未包含的任意字符。例如,'[^abc]'可以匹配"plain"中的'p'、'l'、'i'、'n'
[a-z]	字符范围。匹配指定范围内的任意字符。例如,'[a-z]'可以匹配'a'到'z'范围内的任意小写字母字符
[^a-z]	负值字符范围。匹配任何不在指定范围内的任意字符。例如,'[^a-z]'可以匹配任何不在'a'到'z'范围内的任意字符
\b	匹配一个单词边界,也就是指单词和空格间的位置。例如,'er\b'可以匹配"never"中的'er',但不能匹配"verb"中的'er'
\B	匹配非单词边界。'er\B'能匹配"verb"中的'er',但不能匹配"never"中的'er'
\cx	匹配由 x 指明的控制字符。例如,\cM 匹配一个 Control-M 或回车符。x 的值必须为 A~Z 或 a~z 之一。否则,将 c 视为一个原义的'c'字符
\d	匹配一个数字字符。等价于[0-9]
\D	匹配一个非数字字符。等价于[^0-9]
\f	匹配一个换页符。等价于 \x0c 和 \cL
\n	匹配一个换行符。等价于 \x0a 和 \cJ
\r	匹配一个回车符。等价于 \x0d 和 \cM
\s	匹配任何空白字符,包括空格、制表符、换页符等。等价于 [\f\n\r\t\v]
\S	匹配任何非空白字符。等价于 [^ \f\n\r\t\v]
\t	匹配一个制表符。等价于 \x09 和 \cI
\v	匹配一个垂直制表符。等价于 \x0b 和 \cK
\w	匹配字母、数字、下划线。等价于'[A-Za-z0-9_]'
\W	匹配非字母、数字、下划线。等价于'[^A-Za-z0-9_]'
\xn	匹配 n,其中 n 为十六进制转义值。十六进制转义值必须为确定的两个数字长。例如,'\x41'匹配"A"。'\x041'则等价于'\x04'&"1"。正则表达式中可以使用 ASCII 编码
\num	匹配 num,其中 num 是一个正整数。例如,'(.)\1'匹配两个连续的相同字符
\n	标识一个八进制转义值或一个向后引用。如果 \n 之前至少有 n 个获取的子表达式,则 n 为向后引用。否则,如果 n 为八进制数字(0~7),则 n 为一个八进制转义值
\nm	标识一个八进制转义值或一个向后引用。如果 \nm 之前至少有 nm 个获取的子表达式,则 nm 为向后引用。如果 \nm 之前至少有 n 个获取的表达式,则 n 为一个后跟文字 m 的向后引用。如果前面的条件都不满足,若 n 和 m 均为八进制数字(0~7),则 \nm 将匹配八进制转义值 nm
\nml	如果 n 为八进制数字(0~3),且 m 和 l 均为八进制数字(0~7),则匹配八进制转义值 nml
\un	匹配 n,其中 n 是一个用四个十六进制数字表示的 Unicode 字符。例如,\u00A9 匹配版权符号(?)

正则表达式从左到右进行计算，并遵循优先级顺序，这与算术表达式非常类似。相同优先级的从左到右进行运算，不同优先级的运算先高后低。表 3-13 从最高到最低说明了各种正则表达式运算符的优先级顺序。

表 3-13 正则表达式运算符的优先级顺序

运 算 符	描 述
\	转义符
(),(?:),(?=),[]	圆括号和方括号
*,+,?,{n},{n,},{n,m}	限定符
^,$,\任何元字符、任何字符	定位点和序列（即位置和顺序）
|	替换，"或"操作，具有高于替换运算符的优先级，使得"m|food"匹配"m"或"food"。若要匹配"mood"或"food"，请使用括号创建子表达式，从而产生"(m|f)ood"

如果以"\"开头的元字符与转义字符相同，则需要使用"\\"或者原始字符串，在字符串前加上字符"r"或"R"。原始字符串可以减少用户的输入，主要用于正则表达式和文件路径字符串，如果字符串以一个斜线"\"结束，则需要多写一个斜线，以"\\"结束。具体应用时，可以单独使用某种类型的元字符，但处理复杂字符串时，经常需要将多个正则表达式元字符进行组合。下面给出了几个简单的示例。

(1) '[pjc]ython'可以匹配'python'、'jython'、'cython'。

(2) '[a-zA-Z0-9]'可以匹配任意一个大小写字母或数字。

(3) '[^abc]'可以匹配任意一个除'a'、'b'、'c'之外的字符。

(4) 'python|perl'或'p(ython|erl)'都可以匹配'python'或'perl'。

(5) 子模式后面加上问号表示可选。r'(http://)?(www\.)?python\.org'只能匹配'http://www.python.org'、'http://python.org'、'www.python.org'和'python.org'。

(6) r'http'只能匹配所有以 http 开头的字符串。

(7) (pattern)*：允许模式重复 0 次或多次。

(8) (pattern)+：允许模式重复 1 次或多次。

(9) (pattern){m,n}：允许模式重复 m~n 次。

(10) '(a|b)*c'：匹配多个（包含 0 个）a 或 b，后面紧跟一个字母 c。

(11) 'ab{1,}'：等价于'ab+'，匹配以字母 a 开头后面带 1 个至多个字母 b 的字符串。

(12) r'[a-zA-Z]{1}([a-zA-Z0-9._]){4,19}$'：匹配长度为 5~20 的字符串，必须以字母开头、可带数字、"_"、"."的字符串。

(13) r'(\w){6,20}$'：匹配长度为 6~20 的字符串，可以包含字母、数字、下划线。

(14) r'\d{1,3}\.\d{1,3}\.\d{1,3}\.\d{1,3}$'：检查给定字符串是否为合法 IP 地址。

(15) r'(13[4-9]\d{8})|(15[01289]\d{8})$'：检查给定字符串是否为移动手机号码。

(16) r'[a-zA-Z]+$'：检查给定字符串是否只包含英文字母大小写。

(17) r'\w+@(\w+\.)+\w+$'：检查给定字符串是否为合法电子邮件地址。

(18) r'(\-)?\d+(\.\d{1,2})?$'：检查给定字符串是否为最多带有 2 位小数的正数或负数。

(19) '[\u4e00-\u9fa5]':匹配给定字符串中所有汉字。

(20) r'\d{18}|\d{15}$':检查给定字符串是否为合法身份证格式。

(21) '\d{4}-\d{1,2}-\d{1,2}':匹配指定格式的日期,例如 2016-1-31。

(22) r'(?=.*[a-z])(?=.*[A-Z])(?=.*\d)(?=.*[,._]).{8,}$':检查给定字符串是否为强密码,必须同时包含英语大写字母、英文小写字母、数字或特殊符号(如英文逗号、英文句号、下划线),并且长度必须至少 8 位。

(23) "(?!.*[\/\"\/;=%?]).+":如果给定字符串中包含',、\、;、=、%、?,则匹配失败。

(24) '(.)\\1+':匹配任意字符的一次或多次重复出现。

◆ 3.6.2 re 模块的使用

在 Python 中,主要使用 re 模块来实现正则表达式的操作。该模块的常用方法如表 3-14 所示,具体使用时,既可以直接使用 re 模块的方法进行字符串处理,也可以将模式编译为正则表达式对象,然后使用正则表达式对象的方法来操作字符串。

表 3-14 re 模块的常用方法

方法	功能说明
compile(pattern[,flags])	创建模式对象
escape(string)	将字符串中所有特殊正则表达式字符转义
findall(pattern,string[,flags])	列出字符串中模式的所有匹配项
match(pattern,string[,flags])	从字符串的开始处匹配模式,返回 match 对象或 None
search(pattern,string[,flags])	在整个字符串中寻找模式,返回 match 对象或 None
split(pattern,string[,maxsplit=0])	根据模式匹配项分隔字符串
sub(pat,repl,string[,count=0])	将字符串中所有 pat 的匹配项用 repl 替换,返回新字符串,repl 可以是字符串或返回字符串的可调用对象,该可调用对象作用于每个匹配的 match 对象
subn(pat,repl,string[,count=0])	将字符串中所有 pat 的匹配项用 repl 替换,返回包含新字符串和替换次数的二元元组,repl 可以是字符串或返回字符串的可调用对象,该可调用对象作用于每个匹配的 match 对象

其中,函数参数 flags 的值可以是 re.I(忽略大小写)、re.L、re.M(多行匹配模式)、re.S(使元字符"."匹配任意字符,包括换行符)、re.U(匹配 Unicode 字符)、re.X(忽略模式中的空格,并可以使用 * 注释)的不同组合(使用"|"进行组合)。

1. 使用 re 模块的方法

可以直接使用 re 模块的方法实现正则表达式的操作。

例 3-13 re 模块方法的使用。

```
>>>import  re                        # 导入 re 模块
>>>text='alpha.beta....gamma delta'  # 测试用的字符串
>>>re.split('[\.]+',text)            # 使用指定字符作为分隔符进行分隔
```

```
['alpha','beta','gamma','delta']
>>>re.split('[\.]+',text,maxsplit=2)            # 最多分隔 2 次
['alpha','beta','gamma delta']
>>>re.split('[\.]+',text,maxsplit=1)            # 最多分隔 1 次
['alpha','beta....gamma delta']
>>>pat='[a-zA-Z]+'
>>>re.findall(pat,text)                         # 查找所有单词
['alpha','beta','gamma','delta']
>>>pat='{name}'
>>>text='Dear {name}...'
>>>re.sub(pat,'Mr.W',text)                      # 字符串替换
'Dear Mr.W...'
>>>s='a s d'
>>>re.sub('a|s|d','good',s)                     # 字符串替换
'good good good'
>>>s="It's a very good good idea"
>>>re.escape('http://www.python.org')           # 字符串转义
'http\\:\\/\\/\\/www\\.python\\.org'
```

2. 使用正则表达式对象

首先使用 re 模块的 compile() 方法将正则表达式编译生成正则表达式对象，然后再使用正则表达式对象提供的方法进行字符串处理。使用编译后的正则表达式对象可以提高字符串处理速度。

例 3-14 正则表达式对象的使用。

```
>>>import  re
>>>example='Beautiful is better than ugly'
>>>pattern=re.compile(r'\bB\w+\b')              # 查找以 B 开头的单词
>>>pattern.findall(example)                     # 使用正则表达式对象的 findall()方法
['Beautiful']
>>>pattern=re.compile(r'\w+r\b')                # 查找以字母 r 结尾的单词
>>>pattern.findall(example)
[' better']
>>>pattern=re.compile(r'\b[a-zA-Z]{4}\b')       # 查找 4 个字母长的单词
>>>pattern.findall(example)
['than','ugly']
>>>pattern.match(example)                       # 从字符串开头开始匹配,失败返回空值
>>>pattern.search(example)                      # 在整个字符串中搜索,成功
< re.Match object; span=(20,24),match='than'>
>>>pattern=re.compile(r'\b\w* a\w* \b')         # 查找所有含字母 a 的单词
>>>pattern.findall(example)
['Beautiful','than']
>>>re.findall(r"\w+ly",example)                 # 查找所有以字母组合 ly 结尾的单词
['ugly']
```

```
>>>pattern=re.compile(r'\bb\w* \b',re.I)          # 匹配以 b 或 B 开头的单词
>>>pattern.sub('* ',example)                       # 将符合条件的单词替换为*
'* is *  than ugly'
>>>pattern.sub('* ',example,1)                     # 只替换一次
'* is better than ugly'
```

◆ 3.6.3 子模式与 match 对象

使用()表示一个子模式,即()内的内容作为一个整体出现,例如'(red)+'可以匹配'redred'、'redredred'等多个重复'red'的情况。

```
>>>telNumber='''Suppose my Phone No.is 0535-1234567,
yours is 010-12345678,his is 025-87654321.'''
>>>pattern=re.compile(r'(\d{3,4})-(\d{7,8})')
>>>pattern.findall(telNumber)
[('0535','1234567'),('010','12345678'),('025','87654321')]
>>>pattern=re.compile(r'\d{3,4}-\d{7,8}')
>>>pattern.findall(telNumber)
['0535-1234567','010-12345678','025-87654321']
>>>pattern=re.compile(r'((\d{3,4})-(\d{7,8}))')
>>>pattern.findall(telNumber)
[('0535-1234567','0535','1234567'),('010-12345678','010','12345678'),('025-87654321','025','87654321')]
```

正则表达式对象的 match()方法和 search()方法匹配成功后返回 match 对象。match 对象的主要方法有:

- group():返回匹配的一个或多个子模式内容。
- groups():返回一个包含匹配的所有子模式内容的元组。
- groupdict():返回包含匹配的所有命名子模式内容的字典。
- start():返回指定子模式内容的起始位置。
- end():返回指定子模式内容的结束位置的前一个位置。
- span():返回一个包含指定子模式内容起始位置和结束位置前一个位置的元组。

例 3-15 match 对象的使用。

```
>>>m=re.match(r"(\w+) (\w+)","Isaac Newton,physicist")
>>>m.group(0)                        # 返回整个模式内容,等同于 group()
'Isaac Newton'
>>>m.group(1)                        # 返回第 1 个子模式内容
'Isaac'
>>>m.group(2)                        # 返回第 2 个子模式内容
'Newton'
>>>m.group(1,2)                      # 返回指定的多个子模式内容
('Isaac','Newton')
>>>m=re.match(r"(\d+).(\d+)","24.1632")
>>>m.groups()
```

```
('24','1632')
>>>m=re.match(r"(? P<Sno>\w+) (? P<Sname>\w+)","10001 张三")
>>>m.groupdict()
{'Sno': '10001','Sname': '张三'}
```

使用子模式的扩展语法可以实现更加复杂的字符串处理。子模式常用的扩展语法如表3-15所示。

表3-15 子模式常用的扩展语法

语　　法	功　　能
(? P<groupname>)	为子模式命名
(? iLmsux)	设置匹配标志,可以是几个字母的组合,每个字母的含义与编译标志相同
(?:...)	匹配但不捕获该匹配的子表达式
(? P=groupname)	表示在此之前的命名为 groupname 的子模式
(? #...)	表示注释
(? =...)	用于正则表达式之后,表示如果=后的内容在字符串中出现则匹配,但不返回=之后的内容
(?!...)	用于正则表达式之后,表示如果!后的内容在字符串中不出现则匹配,但不返回!之后的内容
(? <=...)	用于正则表达式之前,与(? =...)含义相同
(? <!...)	用于正则表达式之前,与(?!...)含义相同

例 3-16 子模式扩展语法的使用。

```
>>>exampleString='''There should be one-- and preferably only one --obvious way to do it.
Although that way may not be obvious at first unless you're Dutch.
Now is better than never.
Although never is often better than right now.'''
>>>pattern=re.compile(r'(?<=\w\s)never(?=\s\w)')    # 查找不在句子开头和结尾的单词
>>>matchResult=pattern.search(exampleString)
>>>matchResult.span()
(172,177)
>>>pattern=re.compile(r'\b(?i)n\w+ \b')             # 查找以 n 或 N 字母开头的所有单词
>>>index=0
>>>while True:
matchResult=pattern.search(exampleString,index)
if notmatchResult:
break
print(matchResult.group(0),':',matchResult.span(0))
index=matchResult.end(0)
not:(92,95)
Now:(137,140)
never:(156,161)
never:(172,177)
now:(205,208)
```

3.7 应用案例

例 3-17 居民身份证号码是特征组合码，由十七位数字本体码和一位校验码组成。排列顺序从左至右依次为：六位数字地址码，八位数字出生日期码，三位数字顺序码和一位数字校验码。其中地址码前两位表示省份；顺序码为奇数表示男性，偶数表示女性。请设计程序，要求输出以下内容：

```
请输入十八位身份证号码：4211112000001011111
你的身份证号码为：4211112000001011111
所在省份：湖北省
出生日期：2000 年 01 月 01 日
性别：男
加密后的身份证号为：4211112000****1111
```

分析：(1) 判断是否属于湖北省，即提取身份证号中的前两位，判断是否等于 42（湖北省的地址码）；

(2) 获取出生日期信息，即提取身份证号的第 7 位至第 14 位；

(3) 获取性别信息，即提取顺序码，判断是否能被 2 整除；

(4) 身份证加密，即使用字符串的替换函数对相应信息进行替换。

```python
ID=input('请输入十八位身份证号码：')
if len(ID)==18:
    print("你的身份证号码为："+ID)
else:
    print("错误的身份证号码！")


ID_pro=ID[0:2]
ID_birth=ID[6:14]
ID_sex=ID[14:17]


if  ID_pro=="42":
    print("所在省份："+"湖北省")


year=ID_birth[0:4]
moon=ID_birth[4:6]
day=ID_birth[6:8]
print("出生日期："+year+'年'+moon+'月'+day+'日')


if  int(ID_sex)% 2==0:
    print('性别:女')
else:
    print('性别:男')
```

```
ID1=ID.replace(ID[10:14],"****")
print("加密后的身份证号为：" +ID1)
```

扩展：根据输入身份证号码判断对应区域，实现时可使用列表、字典、字符串等多种方法，同时还可加入校验码对输入身份证号码是否有效进行判断，请读者思考如何实现。（实现提示：根据前面十七位数字码，按照 ISO 7064:1983.MOD 11-2 校验码可计算出来检验码。如果某人的尾号是 0～9，都不会出现 X，但如果尾号是 10，就用 X 来代替。）

本章习题

一、选择题

1.下列数据中，不属于字符串的是（　　）。
　A.'ab'　　　　　B."perface"　　　　C."52wo"　　　　D.abc

2.字符串的 strip()方法的作用是（　　）。
　A.删除字符串头尾指定的字符　　　　B.删除字符串末尾指定的字符
　C.删除字符串头部指定的字符　　　　D.通过指定分隔符对字符串切片

3.下列方法中，能够返回某个子串在字符串中出现次数的是（　　）。
　A.length()　　　B.index()　　　　C.count()　　　　D.find()

4.下列方法中，能够让所有单词的首字母变成大写的方法是（　　）。
　A.capitalize()　　B.title()　　　　C.upper()　　　　D.ljust()

5.使用（　　）符号对浮点类型的数据进行格式化。
　A.%c　　　　　B.%f　　　　　　C.%d　　　　　　D.%s

6.当需要在字符串中使用特殊字符时，Python 使用（　　）作为转义字符的起始符号。
　A.\　　　　　　B./　　　　　　　C.#　　　　　　　D.%

二、编程题

1.编写程序，用户输入一段英文，将其中的字母 a 用空格替换。

2.编写程序，用户输入一段英文，输出这段英文中所有长度为 3 个字母的单词。

第 4 章 程序流程控制

程序是由若干语句组成的,其目的是实现一定的计算或处理功能。程序中的语句可以是单一的一条语句,也可以是一个语句块(复合语句)。编写程序要解决特定的问题,这些问题通过多种形式输入,程序运行并处理,形成结果并输出,所以输入、处理、输出是程序的基本结构。在程序内部,存在逻辑判断与流程控制的问题。

Python 的流程控制结构主要包括顺序、选择和循环 3 种结构。下面对这 3 种结构依次介绍。

4.1 顺序结构

顺序结构是 3 种结构中最简单的一种,即语句按照书写的顺序依次执行,如图 4-1 所示。如果有 3 个语句块,先执行语句块 1,再执行语句块 2,最后执行语句块 3,3 个语句块之间是顺序执行关系。

例 4-1 计算 2 个数之和。

```
a=float(input("请输入第一个数:"))
b=float(input("请输入第二个数:"))
c=a+b
print("a+b=",c)
```

图 4-1 顺序结构

4.2 选择结构

选择结构又称分支结构,它根据计算所得的表达式的值来判断执行哪一个分支的流程,如图 4-2 所示。若条件为真,则执行语句块 1;若条件为假,则执行语句块 2。

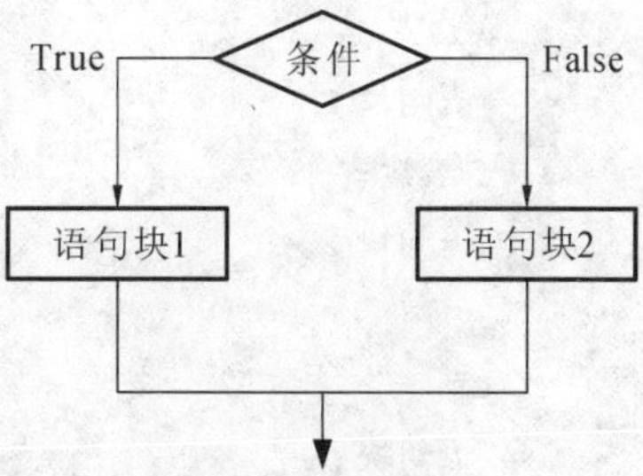

Python 中常见的选择结构有单分支结构、双分支结构、多分支结构、分支嵌套结构,形式比较灵活多变,具体使用哪一种最终还是取决于所要实现的业务需求。

图 4-2 选择结构

4.2.1 单分支结构

单分支结构是最简单的一种形式,其语法格式如下:

```
if 表达式:
    语句块
```

其中表达式后面的冒号是必不可少的,后面几种其他形式的选择结构和循环结构中的冒号也是必须有的。在程序执行过程中,表达式值为 True 表示条件满足,语句块将被执行,否则该语句块将不被执行。

◆ 4.2.2 双分支结构

双分支结构使用 if…else 语句实现,其语法格式如下:
```
if 表达式:
    语句块 1
else:
    语句块 2
```
在程序执行过程中,若表达式的值为 True,则执行 if 分支的语句块 1,否则执行 else 分支的语句块 2。

Python 还支持如下形式的表达式:
```
值 1  if 条件表达式 else 值 2
```
当条件表达式的值与 True 等价时,表达式的值为值 1,否则表达式的值为值 2,另外值 1 和值 2 中还可以使用复杂表达式,包括函数调用和基本输出语句。

例 4-2　比较两个数大小。
```
a=float(input("请输入第一个数:"))
b=float(input("请输入第二个数:"))
if  a>b:
    print('较大数为:',a)
else:
    print('较大数为:',b)
```
上述比较大小输出的语句还可以写成:
```
print(a if a>b else b)
```

◆ 4.2.3 多分支结构

多分支结构为用户提供了更多的选择,可以实现更复杂的业务需求。多分支结构使用 if…elif…else 语句实现,其语法格式如下:
```
if 表达式 1:
    语句块 1
elif 表达式 2:
    语句块 2
…
else:
    语句块 n
```
在程序执行过程中,依次判断表达式的值,若为 True,则执行相应语句块,否则执行 else 分支的语句块 n。

例 4-3　计算分段函数 $y=\begin{cases} 2x+4 & x<-1 \\ 0 & -1\leqslant x\leqslant 4 \\ 3x+2 & x>4 \end{cases}$

▶Python 4-2

```
x=float(input("请输入 x 的值:"))
if  x<-1:
    print(2*x+4)
elif  x>=-1 and x<=4:
    print(0)
else:
    print(3*x+2)
```

4.2.4 分支嵌套结构

分支嵌套是指分支中还存在分支的情况,即 if 语句中还包含着 if 语句。其语法格式如下:

```
if 表达式 1:
    语句块 1
    if 表达式 2:
    语句块 2
    else:
    语句块 3
else:
    if 表达式 4:
      语句块 4
```

使用该结构时,一定要严格控制好不同级别代码块的缩进量,因为这决定了不同代码块的从属关系以及业务逻辑是否被正确地实现。

例 4-4　使用分支嵌套实现例 4-3。

```
x=float(input("请输入 x 的值:"))
if  x<=4:
   if  x<-1:
       print(2*x+4)
   else:
       print(0)
else:
   print(3*x+2)
```

4.3　循环结构

循环结构是在一定条件下反复执行一段语句的流程结构。反复执行的程序块称为循环体。循环结构是程序中非常重要的一种结构。

Python 提供了两种基本的循环结构:for 循环和 while 循环。其中:while 循环一般用于循环次数难以提前确定的情况,当然也可以用于循环次数确定的情况;for 循环一般用于循环次数可以提前确定的情况,尤其适用于枚举或遍历序列或迭代对象中元素的场合。编程时一般建议优先考虑使用 for 循环,循环结构之间可以互相嵌套,也可以与选择结构嵌套使用。

4.3.1 for 循环

for 循环的语法格式如下：

```
for 变量 in 序列:
    循环体
[else:
    代码块]
```

for 语句的执行过程是对于序列中的每个元素执行一次循环体,其中序列可以是字符串、列表、文件或 range() 函数等。另外,for 循环可以带 else 子句,如果循环因为条件表达式不成立而自然结束,不是因为执行了 break 而结束循环,则执行 else 结构中的语句;如果循环是因为执行 break 语句而导致循环提前结束,则不执行 else 中的语句。

例 4-5 计算 1+2+3+4+…+100 的值。

```
sum=0
for i in range(101):
    sum+=i
print(sum)
```

4.3.2 while 循环

while 循环的语法格式如下：

```
while 条件表达式:
    循环体
[else:
    代码块]
```

while 语句的执行过程是先判断条件表达式的值,若为 True,则执行循环体,循环体执行完后再转向逻辑表达式进行判断;当条件表达式的值为 False 时,跳过循环体,执行 while 语句后面的循环体外的语句。另外,while 循环和 for 循环一样,可以带 else 子句,如果循环自然结束,不是因为执行了 break 而结束循环,则执行 else 结构中的语句;如果循环是因为执行 break 语句而导致循环提前结束,则不执行 else 中的语句。

例 4-6 使用 while 循环实现例 4-5。

```
i=1
sum=0
while i<=100:
    sum+=i
    i+=1
print(sum)
```

设计循环体的时候要考虑退出循环的条件。若上面代码的循环体中缺少 i+=1 语句,循环将永远也不会退出(除非将程序强制关闭),这种情况称为死循环。死循环会占用大量的 CPU 时间。但是在有些程序设计中,死循环又是必不可少的特性。例如服务器,负责网络收发的程序必须 7×24 小时待命,随时准备接收新的请求并分派给相关的进程。再如游戏开发,通常也是放置一个死循环,只要游戏没结束,就会不断地接收用户的操作命令,并做出响应。

4.3.3 循环嵌套

无论是 for 循环还是 while 循环，它们中都可以再包含循环结构，从而构成了循环嵌套。

例 4-7 使用嵌套的 for 循环计算 1！+2！+…+n！。

```
n=eval(input("请输入计算阶乘的数字:"))
sum=0
for i in range(1,n):
    t=1
    for j in range(1,i+1):
        t*=j
    sum+=t
print(sum)
```

4.4 特殊语句

4.4.1 跳转语句

跳转语句可用来实现程序执行过程中流程的转移，主要包括 break 语句和 continue 语句。

1. break 语句

break 语句的作用是从循环体内部跳出，即结束循环。

例 4-8 计算 1000 以内第一个能被 5 整除，但不被 12 整除的数字。

```
for i in range(1,1001):
    if (i%5==0) and (i%12!=0):
        break
print('第一个能被5整除但不被12整除的数字为:',i)
```

2. continue 语句

continue 语句必须用于循环结构中，它的作用是终止当前这一轮的循环，跳过本轮剩余的语句，直接进入下一轮循环。

例 4-9 打印 2020 年到 2050 年之间所有闰年年份。(注：年份可以被 4 整除且不能被 100 整除，或者可以被 400 整除时，该年被定为闰年)

```
i=1
for year in range(2020,2051):
    if (year%4==0) and (year%100!=0) or (year%400==0):
        print('第%d个闰年为:%d' % (i,year))
        i+=1
        continue
```

4.4.2 pass 语句

pass 语句是空语句，主要是为了保持程序结构的完整性而设计的。一般用作占位语句，

Python 4-7

该语句不影响其后语句的执行。

例 4-10 打印 1~10 范围内的偶数。

```
for i in range(1,11):
    if i%2!=0:
        pass
        print("将来以添加代码处")
        continue
    print("偶数为：",i)
```

4.5 应用案例

例 4-11 设计一个猜数小游戏。具体功能如下：计算机随机产生 0~10 的数字，用户通过键盘输入所猜的数。如果输入数大于随机数，显示"遗憾，太大了"；如果小于随机数，显示"遗憾，太小了"。如此循环，直至猜中，显示所猜次数和"猜中了！"。

> **小知识：**
> Python 中的内置 random 模块用于生成随机数。下面介绍一下 random 模块中常用的几个函数：
> ① random.random()用于生成一个 0 到 1 的随机浮点数：0<＝n<1.0。
> ② random.uniform(a,b)用于生成一个指定范围内的随机浮点数，两个参数其中一个是上限，一个是下限。如果 a>b，则生成的随机数 n 有 b<＝n<＝a。如果 a<b，则 a<＝n<＝b。
> ③ random.randint(a,b)用于生成一个指定范围内的整数。其中参数 a 是下限，参数 b 是上限，生成的随机数 n 有 a<＝n<＝b。
> ④ random.randrange([start],stop[,step])从指定范围内，按指定基数递增的集合中获取一个随机数。
> ⑤ random.shuffle(x[,random])用于将一个列表中的元素打乱，即将列表内的元素随机排列。
> ⑥ random.choice(sequence)：random.choice 从序列中获取一个随机元素；参数 sequence 表示一个有序类型。这里要说明一下：sequence 在 Python 中不是一种特定的类型，而是泛指一系列的类型。list、tuple、字符串都属于 sequence。
> ⑦ random.sample(sequence,k)从指定序列中随机获取指定长度的片段并随机排列。sample 函数不会修改原有序列。

分析：(1) 随机数的生成需要使用 random 库；
(2) 与随机数进行比较时需用到多分支结构；
(3) 可用死循环实现猜测数的反复输入，猜对即可结束循环。

```
import random
rnum=random.randint(0,10)
print('生成的随机数为：',rnum)
N=1
while True:
    gnum=int(input('请输入猜测的数：'))
    if gnum>rnum:
        print('遗憾,太大了！')
```

```
                N=N+1
        elif  gnum<rnum:
            print('遗憾,太小了！')
                N=N+1
        else:
            print('已猜% d次,猜中了！'% N)
            break
```

程序运行结果如下：

生成的随机数为:0
请输入猜测的数:1
遗憾,太大了！
请输入猜测的数:0
已猜 2 次,猜中了！

本章习题

一、选择题

1. 以下关于 Python 循环结构的描述中,错误的是(　　)。
   A. continue 只结束本次循环
   B. 遍历循环中的遍历结构可以是字符串、文件、组合数据类型和 range()函数
   C. Python 通过 for、while 等保留字构建循环结构
   D. break 用来结束当前语句,但不跳出当前的循环体

2. 下列选项中,会输出 1,2,3 三个数字的是(　　)。

A. for i in range(3):
   print(i)
	B. for i in range (2):
	   print(i+1)
		C. a_list=[0,1,2]
		for i in a_list:
		   print(i+1)
		   i=i+1
			D. i=1
			while i<3:
			   print (i)

3. 以下代码的输出结果是(　　)。
```
    for s in "testatest":
      if s=="a" or s=="e":
           continue
      print(s,end='')
```
   A. tsttst　　　　B. testatest　　　　C. testtest　　　　D. tstatst

4. 下列(　　)项不属于 while 循环语句的循环要素。
   A. 循环变量的初值和终值　　　　B. 输出语句的确定
   C. 循环体　　　　　　　　　　　D. 循环变量变化的语句

二、简答题

1. 简述 for 循环和 while 循环的执行过程。
2. 简述 break 和 continue 语句的区别。

三、编程题

1. 输出 100~1000 的水仙花数。所谓水仙花数,是指各位数字的立方和恰好等于该数本身,例如 153 = $1^3 + 5^3 + 3^3$。
2. 编写程序,输出九九乘法表。
3. 编写程序,完成猜拳小游戏。

第 5 章 函数

5.1 函数的定义与调用

◆ 5.1.1 函数的定义

函数是组织好、可重复使用的,用来实现单一或相关联功能的代码段,它能够提高应用的模块化和代码的重复利用率。Python 提供了许多内建函数,比如 print()。但用户也可以自己创建函数,这叫作用户自定义函数。

Python 定义函数以 def 开头,定义函数的基本格式如下:

```
def 函数名(参数列表):
    函数体
    return 表达式
```

基于上述格式,对函数定义的规则进行说明:
- 函数代码块以 def 开头,后面紧跟的是函数名和圆括号()。
- 函数名的命名规则跟变量的名字是一样的,即只能是字母、数字和下划线的任何组合,但是不能以数字开头,并且不能跟关键字重名。
- 函数的参数必须放在圆括号中。
- 函数内容以冒号起始,并且缩进。
- return 表达式用于结束函数,将返回值传递给调用方。

需要注意的是,如果参数列表包含多个参数,默认情况下,参数值和参数名称是按函数声明中定义的顺序匹配的。

例 5-1 定义计算圆面积的函数。

```
def get_area(r):
    area=3.14*r*r
    return area
```

◆ 5.1.2 函数的调用

定义了函数之后,就相当于有了一段具有某些功能的代码,想要让这些代码能够执行,需要调用它。调用函数很简单,通过"函数名()"即可完成调用。

需要注意的是,Python 中的所有语句都是解释执行的,def 也是一条可执行语句,使用函数时,要求函数的调用必须在函数定义之后。

另外,在 Python 中,函数名也是一个变量,如果 return 语句没有返回值,或没有执行到 return 语句,或返回不带任何值的 return 语句,函数都默认为返回空值 None。

例 5-2　调用例 5-1 中的计算函数的代码如下:

```
c=get_area(3)
print(c)
```

5.2　函数的参数

函数定义时,圆括号内用逗号分隔开的参数,称为形参。一个函数可以没有形参,但是定义时一对圆括号必须有,表示这是一个函数并且不接收参数。函数调用时向其传递实参,根据不同的参数类型,将实参的值或引用传递给形参。实参是一个实实在在存在的参数,是实际占用内存地址的;而形参只是意义上的一种参数,在定义的时候是不占内存地址的。在例 5-1 中,函数定义时 r 就是"形参";在例 5-2 中,调用 get_area 函数时传入的数字 3 就是"实参"。

Python 定义函数非常灵活,可以不指定参数的类型,形参的类型完全由调用者传递的实参类型以及 Python 解释器的理解和推断来决定;也可以不指定函数的返回值类型,这将由函数中的 return 语句来决定。函数参数有很多种形式,可以分为位置参数、关键字参数、默认值参数、可变长参数等,下面依次介绍。

◆ 5.2.1　位置参数

函数调用时,默认情况下,实参将按照位置顺序传递给形参。

例 5-3　打印学生相关信息。

```
def getInfo(sno,sname,sage):
    print('学号:'+sno+',姓名:'+sname+',年龄:'+ sage)
```

调用函数语句为:

```
>>>getInfo('001','张三','18')
```

程序运行结果如下所示:

学号:001,姓名:张三,年龄:18

此时,调用函数时将按照 sno='001',sname='张三',sage='18'的对应关系来传递参数值。如果参数顺序发生改变,则整个函数的逻辑含义就发生了变化。如果函数参数之间的数据类型不一样,改变实参的顺序,调用时可能会发生语法错误。

◆ 5.2.2　关键字参数

关键字参数是指调用函数时按参数名字传递值,与函数定义无关。实参顺序可以和形参顺序不一致,但不影响参数值的传递结果,这样避免了用户需要牢记参数位置和顺序的麻烦,使得函数的调用和参数传递更加灵活方便。

例 5-3 若用关键字参数的方法调用应为:

```
>>>getInfo(sname='张三',sage='18',sno='001')
```

程序运行结果如下所示：
学号:001,姓名:张三,年龄:18

5.2.3 默认值参数

定义函数时,可以给函数的参数设置默认值,这个参数就被称为默认值参数。当调用函数的时候,由于默认值参数在定义时已经被赋值,所以可以直接忽略,而其他参数是必须要传入值的。如果默认值参数没有传入值,则直接使用默认的值;如果默认值参数传入了值,则使用传入的新值。

例 5-3 若用默认值参数的方法,函数定义为：

```
def getInfo(sno,sname,sage='18'):
    print('学号:'+sno+',姓名:'+sname+',年龄:'+sage)
```

调用 getInfo 函数,程序运行结果如下所示：

```
>>>getInfo('001','张三')
学号:001,姓名:张三,年龄:18
>>>getInfo('002','李四','19')
学号:002,姓名:李四,年龄:19
```

根据运行结果可以得到,上例中函数定义时为参数 sage 提供默认值,调用函数时,若未传 sage 值,程序会使用默认值;若传 sage 值,程序会使用新值。

需要注意的是,带有默认值的参数一定要位于参数列表的最后面,否则程序运行时会报异常。

5.2.4 可变长参数

可变长参数就是传入的参数个数是可变的,主要用于一个函数不能确定参数个数的情况。通常在定义一个函数时,若希望函数能够处理的参数个数比当初定义的参数个数多,就可以在函数中使用可变长参数。其基本的语法格式如下：

```
def 函数名([formal_args,]* args,* * kwargs):
    函数体
    return 表达式
```

在上述格式中,函数共有 3 个参数。其中,formal_args 为传统定义的参数,* args 和 ** kwargs 为可变长参数。当调用函数的时候,函数传入的参数个数会优先匹配 formal_args 参数的个数。如果传入的参数个数和 formal_args 参数的个数相同,可变长参数会返回空的元组或字典。如果传入的参数个数比 formal_args 参数的个数多,可以分为如下两种情况：

● 传入的参数没有指定名称,* args 会以元组的形式存放这些多余的参数;
● 传入的参数指定了名称,** kwargs 会以字典的形式存放这些被命名的参数。

下面通过几个例子来进一步理解。

例 5-4 用可变长参数实现例 5-3。

```
def getInfo(sno,sname,sage,* args):
    print('学号:'+ sno+ ',姓名:'+ sname+ ',年龄:'+ sage)
    print(args)
```

程序运行结果如下所示：

>>>getInfo('001','张三','18')
学号:001,姓名:张三,年龄:18
()

上例中重新定义了 getInfo 函数，其中，args 为可变长参数。当调用函数时，如果只传入'001','张三','18'，那么这三个数会从左向右依次匹配 getInfo 函数定义时的参数 sno，sname，sage，此时，args 参数没有接收到数据，所以为一个空元组。

如果在调用 getInfo 函数时，传入多个参数（这里指的是大于 2 个参数），情况又是什么样的呢？看下面示例代码：

>>>getInfo('001','张三','18','87','90','100')
学号:001,姓名:张三,年龄:18
('87','90','100')

通过运行结果可知，如果在调用 getInfo 函数时传入多个数值，这些数值会从左向右依次匹配函数定义时的参数，如果传统的参数匹配够了，多余的参数会组成一个元组，和可变长参数 args 进行匹配。

如果在参数列表的末尾使用两个星号（＊＊）表示参数，代码如下所示：

```
def  getInfo(sno,sname,sage,*args,**kwargs):
    print('学号:'+sno+',姓名:'+sname+',年龄:'+sage)
    print(args)
    print(kwargs)
```

程序运行结果如下所示：

>>>getInfo('001','张三','18','87','90','100')
学号:001,姓名:张三,年龄:18
('87','90','100')
{}

那么什么情况下传入的数据会匹配参数 kwargs 呢？在上述示例中，将调用函数的代码进行修改，代码如下所示：

>>>getInfo('001','张三','18','87','90',score='100')
学号:001,姓名:张三,年龄:18
('87','90')
{'score': '100'}

综上所述，可变长参数传递的个数可以大于定义函数时的参数数目。如果传入的参数没有名字，那么传入的值会给 args 变量；如果传入的参数有名字，那么传入的值会给 kwargs 变量。

5.3　lambda 函数

lambda 函数是 Python 中的匿名函数（即没有名字的函数）。lambda 函数的语法格式如下：

<函数名>=lambda [参数列表]：表达式

其中，参数列表是可选的，参数通常用逗号分隔，后面表达式不能包含分支或循环语句。

lambda 函数将函数名作为函数结果返回。lambda 函数主要用来定义简单的、能在一行内表示的函数。

Python 提供了很多函数式编程的特性,例如 map、reduce、filter、sorted 等函数都支持函数作为参数,lambda 函数也可以很方便地应用在函数式编程中。

接下来通过代码演示 lambda 函数的应用。

例 5-5 lambda 函数的应用。

```
>>>area=lambda r:3.14*r**2
>>>area(3)
28.26
```

5.4 递归函数

如果一个函数在内部调用自身,这个函数就是递归函数。

例 5-6 用递归函数求 1 到 100 的和。

```
def add(num):
    if num==1:
        return 1
    else:
        return num+add(num-1)
print(add(100))
```

例 5-7 用循环和递归分别求 10 的阶乘。

```
def product(num):
    if num==1:
        return 1
    else:
        return num*product(num-1)
print(product(10))
```

5.5 变量的作用域

在函数的参数传递过程中,形参和实参都是变量。变量的作用域即变量起作用的范围,是 Python 程序设计中一个非常重要的概念。

◆ 5.5.1 局部变量

局部变量指的是定义在函数内的变量,其作用范围是从函数定义开始,到函数执行结束。局部变量定义在函数内,只在函数内使用,它与函数外具有相同名称的变量没有任何关系。不同的函数,可以定义相同名字的局部变量,并且各个函数内的变量不会产生影响。

示例代码如下:

```
def  fun1():
    a=100
    print("fun1 中的 a 值为%d" %a)

def  fun2():
    a=200
    print("fun2 中的 a 值为%d" %a)

fun1()
fun2()
```

程序运行结果如下所示：

```
fun1 中的 a 值为 100
fun2 中的 a 值为 200
```

上例说明局部变量只能在声明它的函数内部访问。

5.5.2 全局变量

全局变量是定义在函数外的变量，它拥有全局作用域，可以在整个程序范围内访问。全局变量可作用于程序中的多个函数，但其在各函数内部只是可访问的、只读的，全局变量的使用是受限的。

示例代码如下：

```
result=50           # 定义一个全局变量,在整个代码内调用
def  sub(a,b):
    result=a-b      # 定义一个局部变量,在函数内部调用
    print("函数内的 result 是局部变量,值为:",result)
    # 函数的返回值,result 在这里是局部变量
    return result
# 调用函数后,输出返回值
sub(20,10)
# 直接调用全局变量,跟函数没关系
print("函数外的 result 是全局变量,值为:",result)
```

运行结果：

```
函数内的 result 是局部变量,值为: 10
函数外的 result 是全局变量,值为: 50
```

5.5.3 global 语句

全局变量不需要在函数内声明即可在函数内部读取。当在函数内部给变量赋值时，该变量将被 Python 视为局部变量，如果在函数中先访问全局变量，再在函数内定义与全局变量同名的局部变量的值，程序也会报异常。为了能在函数内部读/写全局变量，Python 提供了 global 语句，用于在函数内部声明全局变量。

global 关键字用来在函数或其他局部作用域中使用全局变量。但是如果不修改全局变量，也可以不使用 global 关键字。

示例代码如下:

```
>>>a=100
>>>def test():
a+=100
print(a)
>>>test()
Traceback(most recent call last):
File"<stdin>",line 1,in<module>
File"<stdin>",line 2,in test
UnboundLocalError:local variable'a'referenced before assignment
```

上述程序报错,提示"在赋值前引用了局部变量 a"。但是,在程序中我们已在函数中访问全局变量,为什么会出错呢?这就是 Python 与其他语言的不同之处了。在 Python 中,如果在函数内部对全局变量 a 进行修改,Python 会把变量 a 当作局部变量,而在函数 test()内部进行"a+=100"之前,我们是没有声明局部变量 a 的,因此,程序会出现上述错误提示。

这时我们需要使用 global 语句将局部变量 a 声明为全局变量,代码修改如下所示:

```
>>>a=100
>>>def test():
global a
a+=100
print(a)
>>>test()
```

此时,程序正常运行。

虽然 Python 提供了 global 语句,使得在函数内部可以修改全局变量的值,但从软件工程的角度来说,这种方式降低了软件质量,使程序的调试、维护变得困难,因此不建议用户在函数中修改全局变量或函数参数中的可修改对象。Python 还增加了 nonlocal 关键字,用于声明全局变量,但其主要应用在一个嵌套的函数中修改嵌套作用域中的变量。这里不再赘述,读者可查阅相关文档。

5.6 应用案例

例 5-8　学生信息管理系统的设计在编程语言的学习中经常出现,下面通过 Python 实现一个简单的学生信息管理系统。该系统主要实现对学生信息的管理,具体包括学生信息的增加、修改、显示、删除等功能。

分析:(1) 使用学生信息管理系统的主菜单可实现学生信息的增加、修改、查询、删除等功能,这些功能都可以使用函数实现。根据用户的选择,调用相应的函数,执行对应的功能。

(2) 学生信息具体可包括学号、姓名、年龄等数据,所有学生的信息用列表进行存储,每位学生信息用字典进行存储,学号、姓名、年龄为键,对应数据为值。

具体程序设计如下:

(1) 新建一个列表,用来保存学生的所有信息,代码如下:

```
stu= []
```

(2) 定义显示的菜单函数，代码如下：

```python
def Menu():
    print('='*50)
    print('简易学生信息管理系统 V1.0')
    print('1.添加学生信息')
    print('2.删除学生信息')
    print('3.修改学生信息')
    print('4.显示学生信息')
    print('5.退出系统')
    print('='*50)
```

(3) 定义增加学生信息函数，代码如下：

```python
def addstu():
    newno=input('输入学生的学号:')
    newname=input('输入学生的姓名:')
    newsex=input('输入学生的性别:')
    newstu={}
    newstu['no']=newno
    newstu['name']=newname
    newstu['sex']=newsex

    stu.append(newstu)
```

(4) 定义删除学生信息函数，代码如下：

```python
def delstu():
    delNum=int(input('请输入要删除的序号:'))-1
    del stu[delNum]
```

(5) 定义修改学生信息函数，代码如下：

```python
def modifystu():
    stuId=int(input('请输入要修改的学生序号:'))-1
    newno=input('输入修改后学生的学号:')
    stu[stuId]['no']=newno
    newname=input('输入修改后学生的名字:')
    stu[stuId]['name']=newname
    newsex=input('输入修改后学生的性别:')
    stu[stuId]['sex']=newsex
```

(6) 定义显示学生信息函数，代码如下：

```python
def showstu():
    print('='* 50)
    print('学生信息如下:')
    print('='* 50)
    print('%-10s%-10s%-10s%-10s'%('序号','学号','姓名','性别'))
    i=1
    for temp in stu:
        print('%-12d%-12s%-12s%-12s'%(i,temp['no'],temp['name'],temp['sex']))
        i+=1
```

(7) 定义主函数,代码如下:

```python
def main():
    while True:
        Menu()    # 打印菜单
        key=int(input('请输入需要执行的操作:'))
        if key==1:
            addstu()  # 添加学生信息
        elif key==2:
            delstu()  # 删除学生信息
        elif key==3:
            modifystu()  # 修改学生信息
        elif key==4:
            showstu()  # 显示学生信息
        elif key==5:    # 退出系统
            quitConfirm=input('真的要退出吗?(Y or N):')
            if quitConfirm=='Y':
                break    # 结束循环
               print('已退出系统!')
            else:
                print('输入有误,请重新输入')
```

(8) 调用主函数,代码如下:

```python
main()
```

添加、修改、删除学生信息功能运行结果分别如图 5-1、图 5-2、图 5-3 所示,程序退出功能运行结果如图 5-4 所示。

图 5-1　添加学生信息功能　　　　　　图 5-2　修改学生信息功能

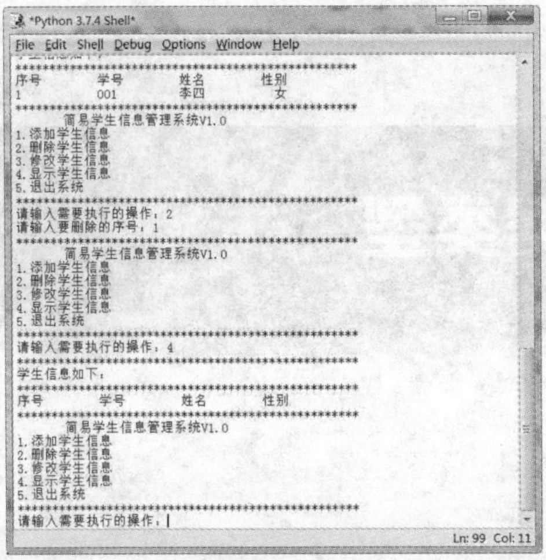

图 5-3 删除学生信息功能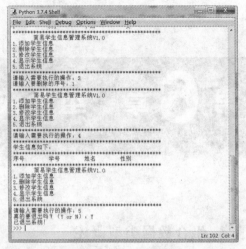

图 5-4 程序退出功能

 本章习题

一、选择题

1. 使用（ ）关键字声明匿名函数。
A. function　　　　B. func　　　　　　C. def　　　　　　D. lambda

2. 以下代码中 calculate( ) 函数属于哪个分类？（ ）
```
def calculate(number):
    result=0
    i=1
    while i<=number:
        result=result+i
        i+=1
    return result
result=calculate(100)
print('1~100的累计和为:',result)
```
A. 无参无返回值函数　B. 无参有返回值函数　C. 有参无返回值函数　D. 有参有返回值函数

3. 下列有关函数的说法中，正确的是(   )。
A. 函数的定义必须在程序的开头
B. 函数定义后，其中的程序就可以自动执行
C. 函数定义后需要调用才会执行
D. 函数体与关键字 def 必须左对齐

4. 下面代码的运行结果是(   )。
```
def Sum(a,b=3,c=5):
    print(a,b,c)
Sum(a=8,c=2)
```
A. 8 2　　　　　　B. 8,2　　　　　　　C. 8 3 2　　　　　　D. 8,3,2

二、编程题

1. 编写函数，判断一个整数是否为素数。
2. 编写函数，输入任意多个实数，返回一个元组，其中第一个元素为所有参数的平均值，其他元素为所有参数中大于平均数的实数。
3. 编写函数，求 $1^2-2^2+3^2-4^2+\cdots+97^2-98^2+99^2$ 的值。

第 6 章 组合数据类型

6.1 组合数据类型概述

除整数类型、浮点数类型等基本的数据类型外,Python 还提供了列表、元组、字典、集合等组合数据类型。组合数据类型能将不同类型的数据组织在一起,实现更复杂的数据表示或数据处理功能。

根据数据之间的关系,组合数据类型可以分为 3 类:序列类型、映射类型和集合类型。序列类型包括列表、元组和字符串 3 种;映射类型用键值对表示数据,典型的映射类型是字典;集合类型的数据中元素是无序的,集合中不允许有相同的元素存在。

无论哪种具体的数据类型,只要它是序列类型,都可以使用相同的索引体系,即正向递增序号和反向递减序号,通过索引可以非常容易地查找序列中的元素。序列类型元素的索引如图 6-1 所示。

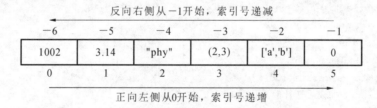

图 6-1 序列类型元素的索引

序列类型的常用操作符和方法如表 6-1 所示,其中,s 和 t 是序列,x 是引用序列元素的变量,i、j 和 k 是序列的索引,这些操作符和方法是学习列表和元组的基础。

表 6-1 序列类型的常用操作符和方法

操作符/方法	功 能 描 述
x in s	如果 x 是 s 的元素,返回 True,否则返回 False
x not in s	如果 x 不是 s 的元素,返回 True,否则返回 False
s+t	返回 s 和 t 的连接
s*n	将序列 s 复制 n 次
s[i]	索引,返回序列 s 的第 i 项元素
s[i:j]	切片,返回包含序列 s 第 i 项到第 j 项元素的子序列(不包含第 j 项)

续表

操作符/方法	功 能 描 述
s[i:j:k]	返回包含序列 s 第 i 项到第 j 项元素中以 k 为步长的子序列
len(s)	返回序列 s 的元素个数(长度)
min(s)	返回序列 s 的最小元素
max(s)	返回序列 s 的最大元素
s.index(x[,i[,j]])	返回序列 s 中第 i 项到第 j 项元素中第一次出现元素 s 的位置
s.count(x)	返回序列 s 中出现 x 的总次数

6.2 列表

列表是 Python 中最常用的序列类型。列表用方括号"[ ]"表示,元素间用逗号分隔,列表中的元素不需要具有相同的类型。列表是可变的,用户可在列表中任意增加元素或删除元素,还可对列表进行遍历、排序、反转等操作。

◆ **6.2.1 列表的常见操作**

列表的常用方法如表 6-2 所示,其中,ls、lst 分别为两个列表,x 是列表中的元素,i 和 j 是列表的索引。

表 6-2 列表的常用方法

操 作 符	功 能 描 述
ls[i]=x	将列表 ls 的第 i 项元素替换为 x
ls[i:j]=lst	用列表 lst 替换列表 ls 中第 i 项到第 j 项元素(不包含第 j 项)
ls[i:j:k]=lst	用列表 lst 替换列表 ls 中第 i 项到第 j 项以 k 为步长的元素(不包含第 j 项)
del ls[i:j]	删除列表 ls 第 i 项到第 j 项元素
del ls[i:j:k]	删除列表 ls 第 i 项到第 j 项以 k 为步长的元素
ls+=lst 或 ls.extend(lst)	将列表 lst 元素追加到列表 ls 中
ls*=n	更新列表 ls,其元素重复 n 次
ls.append(x)	在列表最后增加一个元素
ls.clear()	删除列表 ls 中所有的元素
ls.copy()	复制生成一个包括 ls 中所有元素的新列表
ls.insert(i,x)	在列表 ls 的第 i 项位置增加 x 元素
ls.pop(i)	返回列表 ls 中的第 i 项元素并删除该元素
ls.remove(x)	删除列表中出现的第一个 x 元素
ls.reverse(x)	反转列表 ls 中的元素
ls.sort()	排序列表 ls 中的元素

例 6-1　列表的常见操作。

```
>>>list1=[]                    # 创建空列表
>>>list2=['abc',1,2.5,[0,0]]   # 创建由不同类型元素组成的列表
>>>list3=[1,2,3]
>>>'abc' in list2
True
>>>list2[1]                    # 通过索引访问列表中的元素
1
>>>list2[1:3]                  # 通过切片访问列表中的元素
[1,2.5]
>>>list2[-4:-1]                # 通过切片访问列表中的元素
['abc',1,2.5]
>>>len(list2)                  # 计算列表的长度
4
>>>list2.index([0,0])          # 检索列表中的元素的索引位置
1
>>>list2.count(1)              # 计算列表中出现元素的次数
1
>>>max(list3)                  # 计算列表中的最大值
3
>>>list2[2]=9                  # 修改列表元素
>>>list2
['abc',1,9,[0,0]]
>>>list2[0:3]=list3
>>>list2
[1,2,3,[0,0]]
>>>list2+=list3                # 追加(合并)列表
>>>list2
[1,2,3,[0,0],1,2,3]
>>>del list2[-3:-1]            # 删除索引号为-3,-2 的 2 个元素
>>>list2
[1,2,3,[0,0],3]
>>>list2.append(99)            # 追加列表元素
>>>list2
[1,2,3,[0,0],3,99]
>>>list4=list2.copy()          # 复制列表
>>>list4
[1,2,3,[0,0],3,99]
>>>list4.clear()               # 清除列表
>>>list4
[]
>>>list2.pop(3)                # 删除列表指定位置上的元素,并返回删除元素值
```

▼Python 6-1

```
[0,0]
>>>list2
[1,2,3,3,99]
>>>id(list2)
30188768
>>>list2.reverse()              # 反转列表
>>>list2
[99,3,3,2,1]
>>>id(list2)
30188768
>>>list2.sort()                 # 排序列表
>>>list2
[1,2,3,3,99]
```

切片是 Python 序列的重要操作之一,适用于列表、元组、字符串、range 对象等类型。使用切片可以截取列表中的任何部分,得到一个新列表,也可以通过切片来修改和删除列表中的部分元素,甚至可以通过切片操作为列表对象增加元素。

切片操作不会因为下标越界而抛出异常,而是简单地在列表尾部截断或者返回一个空列表,代码具有更强的健壮性。

例 6-2 列表的切片操作。

```
>>>Lst=[3,4,5,6,7,9,11,13,15,17]
>>>Lst[::]                      # 返回包含元素的新列表
[3,4,5,6,7,9,11,13,15,17]
>>>Lst[::-1]                    # 逆序所有元素
[17,15,13,11,9,7,6,5,4,3]
>>>Lst[::2]                     # 偶数位置,隔一个取一个
[3,5,7,11,15]
>>>Lst[3::]                     # 从下标 3 开始的所有元素
[6,7,9,11,13,15,17]
>>>Lst[3:6]                     # 下标在[3,6)之间的所有元素
[6,7,9]
>>>Lst[0:100:1]                 # 前 100 个元素,自动截断
[3,4,5,6,7,9,11,13,15,17]
>>>Lst[100:]                    # 下标 100 之后的所有元素,自动截断
[]
>>>Lst[100]                     # 直接使用下标访问会发生越界
IndexError: list index out of range
>>>Lst=[3,5,7]
>>>Lst[len(aList):]=[9]         # 在尾部追加元素
>>>Lst
[3,5,7,9]
>>>Lst[:3]=[1,2,3]              # 替换前 3 个元素
>>>Lst
```

```
[1,2,3,9]
>>>Lst[:3]=[]                          # 删除前 3 个元素
>>>Lst
[9]
>>>Lst=list(range(10))
>>>Lst
[0,1,2,3,4,5,6,7,8,9]
>>>Lst[::2]=[0]* 5                     # 替换偶数位置上的元素
>>>Lst
[0,1,0,3,0,5,0,7,0,9]
>>>Lst[::2]=[0]* 3                     # 切片不连续,两个元素个数必须一样多
ValueError: attempt to assign sequence of size 3 to extended slice of size 5
```

6.2.2 列表的遍历

遍历列表可以逐个处理列表中的元素,通常使用 for 循环和 while 循环实现。

例 6-3 用 for 循环遍历列表。

```
lst=['one','two','three','four']
for item in lst:
print(item,end=",")
```

例 6-4 用 while 循环遍历列表。

```
lst=list(range(1,22,356))
i=0
result=[]
while i<len(lst):       # 获取列表的长度
result.append(lst[i]*lst[i])
i+=1
print(result)
```

6.3 元组

Python 的元组(tuple)与列表类似,不同之处在于元组的元素不能修改。元组使用小括号( )包含元素,而列表使用方括号包含元素。元组用于元素不改变的应用场景,更多用于固定搭配场景。

6.3.1 元组的常见操作

使用表 6-1 中的常用操作符,可以完成元组的常见操作。

例 6-5 元组的常见操作。

```
>>>tup1=('one','two',1,2)              # 创建元组,元组中包含不同类型的数据
>>>tup2=(1,2,3,4,5)
>>>tup3='a','b','c'                    # 创建元组,声明元组的括号可以省略
```

```
>>>tup4=(12,)                    # 创建元组,元组只有一个元素时,逗号不可省略
>>>tup5=((1,2),(3,4,5),(6,7),8)
>>>type(tup3),type(tup4)         # 变量类型测试
(<class'tuple'>,<class'tuple'>)
>>>1 in tup1
True
>>>tup2+tup3                     # 元组连接
(1,2,3,4,'a','b','c')
>>>tup1[0]                       # 使用索引访问元组中的元素
'one'
>>>len(tup2)
4
>>>max(tup3)
'c'
>>>tup3.index('a')               # 检索元组中元素的位置
0
>>>help(tuple)                   # 显示元组的属性和方法
>>>tup3.index(2000)              # 检索的元素不存在,运行报异常
Traceback(most recent call last):
File"<pyshell# 130>",line 1,in<module>
tup3.index(2000)
ValueError:tuple.index(x):x not in tuple
```

◆ **6.3.2 元组与列表的转换**

元组与列表非常类似,只是元组中的元素值不能被修改。如果想要修改其元素值,可以将元组转换为列表,修改完后,再转换为元组。列表和元组相互转换的函数是 tuple(lst)和 list(tup),其中的参数分别是被转换对象。

例 6-6 元组与列表相互转换。

```
>>>tup1=(1,2,3,'one','two','three')
>>>list1=list(tup1)
>>>list1.append(4)
>>>list1
[1,2,3,'one','two','three']
>>>tup1=tuple(list1)
>>>tup1
(1,2,3,'one','two','three',4)
```

6.4 字典

字典是 Python 中内置的映射类型。字典用大括号{}表示,字典中每个元素都包含键 key 和值 value 两部分,键和值用冒号分开,元素之间用逗号分隔。

字典中的值并没有特殊的顺序，它们都存储在一个特定的键(key)里。键可以是数字、字符串以及元组等。此外，字典中的元素（键值对）是无序的。当添加键值对时，Python 会自动修改字典的排列顺序，以提高搜索效率，且这种排列方式对用户是隐藏的。

◆ 6.4.1 字典的常见操作

字典的常见操作包括字典的创建、访问、添加、修改字典元素等。Python 内置了一些字典的常用方法，如表 6-3 所示，其中，dicts 为字典名，key 为键，value 为值。

表 6-3 字典的常用方法

方法/操作	功 能 描 述
dicts.keys()	返回所有的键信息
dicts.values()	返回所有的值信息
dicts.items()	返回所有的键值对
dicts.get(key,default)	键存在则返回相应值，否则返回默认值
dicts.pop(key,default)	键存在则返回相应值，同时删除键值对，否则返回默认值
dicts.popitems()	随机从字典中取出一个键值对，以元组(key,value)的形式返回
dicts.clear()	删除所有的键值对
deldicts[key]	删除字典中的某个键值对
key.indicts	如果键在字典中存在则返回 True，否则返回 False
dicts.copy()	复制字典
dicts.update(dicts2)	更新字典，参数 dicts2 为更新的字典

例 6-7 字典的常见操作。

```
>>>dict={'Sno':'001','Name':'张三','Sex':'男','Dept':'计算机系'}    # 创建字典
>>>dict['Sno']                          # 根据键访问字典的值
001
>>>dict['age']                          # 访问字典不存在的键
Traceback (most recent call last):
File "<pyshell# 33>",line 1,in<module>
dict['age']
KeyError: 'age'
>>>dict.get('Name')                     # 根据键访问字典的值
张三
>>>dict.get('age',18)                   # 若字典中不存在'age'元素，返回默认值 18
18
>>>dict['Name']='李四'                   # 修改字典的元素
>>>dict['Name']
李四
>>>dict['address']='武汉'                # 添加字典的元素
>>>dict['address']
武汉
```

```
>>>dict.pop('address')          # 删除字典的元素
'武汉'
>>>dict.popitem()               # 删除键值对
('Dept','计算机系')
>>>dict
{'Sno': '001','Name': '李四','Sex': '男'}
>>>dict.pop('age',18)           # age在字典中不存在,返回默认值18
18
>>>len(dict)    # 计算字典的长度
3
>>>dict.keys()                  # 获得字典的所有键视图
dict_keys(['Sno','Name','Sex'])
>>>dict.values()                # 获得字典的所有值视图
dict_values(['001','李四','男'])
>>>dict.items()                 # 获得字典的所有元素视图
dict_items([('Sno','001'),('Name','李四'),('Sex','男')])
>>>'Name' in dict               # Name 键在字典中,返回 True
True
>>>new_dict=dict.copy()         # 复制字典
>>>new_dict
{'Sno': '001','Name': '李四','Sex': '男'}
>>>dict1={'Name':'张三','email':'u@qq.com'}
>>>dict.update(dict1)           # 更新字典,若有相同键存在则键值对覆盖
>>>dict
{'Sno': '001','Name': '张三','Sex': '男','email': 'u@qq.com'}
>>>del dict['Name']             # 删除 Name 键值对
>>>dict
{'Sno': '001','Sex': '男',' email': 'u@qq.com'}
>>>dict.clear()                 # 删除字典
>>>dict
{}
```

◆ **6.4.2 字典的遍历**

字典的遍历可以通过 for 循环来完成。

例 6-8 字典的遍历操作。

```
>>>dict={'Sno':'001','Name':'张三'}
>>>for key in dict.keys():      # 遍历字典的键
       print(key)
Sno
Name
>>>for value in dict.values():  # 遍历字典的值
       print(value)
```

```
001
张三
>>>for item in dict.items():          # 遍历字典中的元素
        print(item)
('Sno','001')
('Name','张三')
>>>for key,value in dict.items():     # 遍历字典中的键值对
        print("key=% s,value=% s"% (key,value))
key=Sno,value=001
key=Name,value=张三
```

6.5 集合

集合用大括号｛｝表示，元素间用逗号分隔。集合是 0 个或多个元素的无序组合。集合是可变的，可以很容易地向集合中添加元素或移除集合中的元素。集合中的元素只能是整数、浮点数、字符串等基本的数据类型，而且这些元素是无序的，没有索引位置的概念。

集合中的任何元素都没有重复的，这是集合的一个重要特点。集合与字典有一定的相似之处，但集合只是一组 key 的集合，这些 key 不可以重复，集合中没有 value。

6.5.1 集合的常见操作

建立集合类型用 {} 或 set()，建立空集合类型，必须使用 set()。

Python 提供了众多内置操作集合的方法，常用的方法如表 6-4 所示，其中，S、T 为集合，x 为集合中的元素。

表 6-4 集合的常用方法

方　　法	功　能　描　述
S.add(x)	添加元素，如果元素 x 不在集合 S 中，将 x 增加到 S
S.clear()	清除元素，移除 S 中所有的元素
S.copy()	复制集合，返回集合 S 的一个副本
S.pop()	删除集合 S 中的一个元素。S 为空时产生 KeyError 异常
S.discard(x)	如果 x 在集合 S 中，移除该元素；x 不存在时，不报异常
S.remove(x)	如果 x 在集合 S 中，移除该元素；x 不存在时，会产生 KeyError 异常
S.isdisjoint(T)	判断集合中是否存在相同元素。如果集合 S 与 T 没有相同元素，则返回 True
len(S)	判断集合 S 的元素个数

例 6-9 集合的常见操作。

```
>>>set1=set('abc')                    # 创建集合
>>>set2=set([1,2,3])
>>>set3=set()
>>>set1,set2,set3
({'b','c','a'},{1,2,3},set())
```

```
>>>set1.add('d')              # 添加元素
>>>set1
{'b','d','c','a'}
>>>set2.pop()                 # 删除元素
1
>>>set3=set1.copy()           # 复制集合
>>>set3
{'b','d','c','a'}
>>>set1.remove('a')           # 删除元素
>>>set1
{'b','d','c'}
>>>set1.isdisjoint(set3)      # 判断集合是否有相同元素,有则返回False
False
>>>len(set1)                  # 返回集合中元素个数
3
>>>set1.clear()               # 清除所有元素
>>>set1
set()
```

例 6-10 集合的遍历。

```
>>>set1=set("python")
>>>for x in set1:
print(x,end="")
o p t y h n
```

集合类型主要用于 3 个场景:成员关系测试、元素去重和删除数据项。因此,如果需要对一维数据进行去重或数据重复处理,一般可以通过集合来完成。

6.5.2 集合的运算

Python 中的集合与数学中集合的概念是一致的,两个集合可以做数学意义上的交集、并集、差集计算等。集合的常用运算符或方法如表 6-5 所示。

表 6-5 集合的常用运算符或方法

运算符或方法	功 能 描 述
S&T 或 S.intersection(T)	交集。返回一个新集合,包括同时在集合 S 和 T 中的元素
S|T 或 S.union(T)	并集。返回一个新集合,包括集合 S 和 T 中的所有元素
S-T 或 S.difference(T)	差集。返回一个新集合,包括在集合 S 中但不在集合 T 中的元素
S^T 或 S.symmetric_difference_update(T)	补集。返回一个新集合,包括集合 S 和 T 中的元素,但不包括同时在其中的元素
S<=T 或 S.issubset(T)	子集测试。如果 S 与 T 相同或 S 是 T 的子集,返回 True,否则返回 False。可以用 S<T 判断 S 是否是 T 的真子集
S>=T 或 S.issuperset(T)	超集测试。如果 S 与 T 相同或 S 是 T 的超集,返回 True,否则返回 False。可以用 S>T 判断 S 是否是 T 的真超集

> **例 6-11** 集合的操作。

```
>>>a_set=set([8,9,10,11,12,13])
>>>b_set={0,1,2,3,7,8}
>>>a_set & b_set                        # 交集
{8}
>>>a_set.intersection(b_set)            # 交集
{8}
>>>a_set | b_set                        # 并集
{0,1,2,3,7,8,9,10,11,12,13}
>>>a_set.union(b_set)                   # 并集
{0,1,2,3,7,8,9,10,11,12,13}
>>>a_set.difference(b_set)              # 差集
{9,10,11,12,13}
>>>a_set-b_set                          # 差集
{9,10,11,12,13}
>>>a_set^b_set                          # 补集
{0,1,2,3,7,9,10,11,12,13}
>>>a_set.symmetric_difference(b_set)    # 补集
{0,1,2,3,7,9,10,11,12,13}
>>>a_set<=b_set                         # 判断 a_set 是否是 b_set 的子集
False
>>>a_set.issubset(b_set)                # 判断 a_set 是否是 b_set 的子集
False
>>>a_set>=b_set                         # 判断 a_set 是否是 b_set 的超集
False
>>>a_set.issuperset(b_set)              # 判断 a_set 是否是 b_set 的超集
False
```

6.6 序列的常见操作函数

序列作为一种重要的数据结构,包括字符串、列表、元组等。表 6-6 中的函数主要针对列表、元组两种数据结构。

表 6-6 常用的序列操作函数

函 数 名	功 能 说 明
all()	判断可迭代对象的每个元素是否都为 True 值
any()	判断可迭代对象的元素是否有为 True 值的元素
range()	产生一个序列,默认从 0 开始
map()	使用指定的方法操作传入的每个可迭代对象的元素,生成新的可迭代对象
filter()	使用指定方法过滤可迭代对象的元素
reduce()	使用指定方法累计可迭代对象的元素
zip()	聚合传入的每个迭代器中相同位置的元素,返回一个新的元组类型迭代器
sorted()	将对可迭代对象进行排序,返回一个新的列表
reversed()	反转序列,生成新的可迭代对象

1. all()函数

all()函数一般针对组合数据类型。如果函数中每个元素都是 True,则返回 True;否则返回 False。需要注意的是,整数 0、空字符串、空列表等都被当作 False。

例 6-12 all()函数的用法。

```
>>>all([2,5,8])
True
>>>all([0,4,8])
False
>>>all(())
True
>>>all({})
True
```

2. any()函数

any()函数只要组合数据类型中任何一个元素是 True,就返回 True;全部元素都是 False 时,返回 False。

例 6-13 any()函数的用法。

```
>>>any([2,9,16])
True
>>>any([0,0,0])
False
>>>any([])
False
```

3. range()函数

range()函数可创建一个整数列表,多用于 for 循环中,其语法格式如下:

```
range(start,stop[,step])
```

其中:start 表示计数开始,默认值为 0;stop 表示计数结束(不包含 stop);step 表示步长,默认值为 1。

例 6-14 range()函数的用法。

```
>>>list1=list(range(10))
>>>list1
[0,1,2,3,4,5,6,7,8,9]
>>>list2=list(range(0,10,2))
>>>list2
[0,2,4,6,8]
>>>list3=list(range(10,0,-3))
>>>list3
[10,7,4,1]
```

4. map()函数

将一个单参数函数依次作用到一个序列或迭代器对象的每个元素上,并返回一个 map

对象作为结果,其中每个元素是原序列中元素经过该函数处理后的结果,该函数不对原序列或迭代器对象做任何修改。

例 6-15　map()函数的用法。

```
>>>def square(x) :
      return x**2
>>>map(square,[1,2,3,4,5])
[1,4,9,16,25]
```

5. filter()函数

filter()函数用于过滤序列,过滤掉不符合条件的元素,返回由符合条件元素组成的新列表。

6. reduce()函数

reduce()函数对参数序列中的元素进行累计。函数对一个数据集合(列表、元组等)中的所有数据进行下列操作:用传给 reduce 中的函数 function(有两个参数)先对集合中的第1、2个元素进行操作,得到的结果再与第三个数据用 function 函数运算,最后得到一个结果。

7. zip()函数

zip()函数将可迭代的对象作为参数,将对象中对应的元素打包成一个个元组,然后返回由这些元组组成的列表。

例 6-16　zip()函数的用法。

```
>>>a=[1,2,3]
>>>b=[4,5,6]
>>>c=[4,5,6,7,8]
>>>zipped=zip(a,b)       # 打包为元组的列表
[(1,4),(2,5),(3,6)]
>>>zip(a,c)              # 元素个数与最短的列表一致
[(1,4),(2,5),(3,6)]
>>>zip(* zipped)         # 与 zip 相反,*zipped 可理解为解压,返回二维矩阵式
[(1,2,3),(4,5,6)]
```

8. sorted()函数

sorted()函数将对可迭代对象进行排序,返回一个新的列表。

例 6-17　sorted()函数的用法。

```
>>>str=['one','two','three']
>>>sorted(str)
['one','three','two']
```

9. reversed()函数

reversed()函数用于反转序列,生成新的可迭代对象。

例 6-18　reversed()函数的用法。

```
>>>r1=range(5)
>>>r2=reversed(r1)
>>>list(r2)
[4,3,2,1,0]
```

6.7 应用案例

Python 6-19

例 6-19 编写程序,用户输入一个列表和 2 个整数作为下标,然后输出由列表中介于 2 个下标之间的元素组成的子列表。例如用户输入[1,2,3,4,5,6]和 2,5,程序输出[3,4,5,6]。

分析:(1) 用户输入列表和数字均使用字符串类型接收,进行计算时应使用 eval() 函数去掉字符串外层引号;

(2) 获取子列表应该使用切片操作完成。

程序代码如下:

```
x=input('请输入一个列表:')
x=eval(x)
start,end=eval(input('请输入起始位置和终止位置:'))
print(x[start:end+1])
```

例 6-20 编写程序,生成包含 100 个 0 到 10 之间的随机整数,并统计每个元素的出现次数。

分析:(1) 生成随机整数应使用 random 库中的 randint() 函数;

Python 6-20

(2) 统计次数可以使用集合实现,也可以使用字典实现,本例使用集合实现。

程序代码如下:

```
import random
x=[random.randint(0,10) for i in range(100)]
d=set(x)
for v in d:
    print(v,':',x.count(v))
```

例 6-21 统计下列 Python 之禅中的单词出现的次数。(输入 import this,回车后会直接输出"Python 之禅"的内容,它是被官方认可的编程原则。)

```
>>>import this
The Zen of Python,by Tim Peters

Beautiful is better than ugly.
Explicit is better than implicit.
Simple is better than complex.
Complex is better than complicated.
Flat is better than nested.
Sparse is better than dense.
Readability counts.
Special cases aren't special enough to break the rules.
Although practicality beats purity.
Errors should never pass silently.
```

Python 6-21

Unless explicitly silenced.

In the face of ambiguity, refuse the temptation to guess.

There should be one--and preferably only one--obvious way to do it.

Although that way may not be obvious at first unless you're Dutch.

Now is better than never.

Although never is often better than * right* now.

If the implementation is hard to explain, it's a bad idea.

If the implementation is easy to explain, it may be a good idea.

Namespaces are one honking great idea--let's do more of those!

分析：词频统计时需要考虑下列问题。

（1）提取每个单词，可以空格和标点符号为分隔符，使用字符串的 split() 函数实现。简化方法可将所有标点先替换成空格，再以空格符为分隔符对原文拆分，使用字符串的 replace() 方法实现。

（2）统计单词及次数可使用字典类型进行存放，key 值存放单词，value 值存放次数。若字典中已存在该单词，则 value 值加 1；否则向字典中添加该元素，key 值存放单词本身，value 值设为 1。

（3）可对统计次数排序输出，使用列表的 sort() 方法完成排序功能。

程序代码如下：

```
sentence='''Beautiful is better than ugly.     # 文本行数较多,用三重引号表示或续行符连接
Explicit is better than implicit.
Simple is better than complex.
Complex is better than complicated.
Flat is better than nested.
Sparse is better than dense.
Readability counts.
Special cases aren't special enough to break the rules.
Although practicality beats purity.
Errors should never pass silently.
Unless explicitly silenced.
In the face of ambiguity, refuse the temptation to guess.
There should be one-- and preferably only one --obvious way to do it.
Although that way may not be obvious at first unless you're Dutch.
Now is better than never.
Although never is often better than * right*  now.
If the implementation is hard to explain, it's a bad idea.
If the implementation is easy to explain, it may be a good idea.
Namespaces are one honking great idea -- let's do more of those!'''
# 将文本中涉及的标点全部用空格替换
for ch in "'.!-*'":
    sentence=sentence.replace(ch,"")
# 利用字典统计词频
words=sentence.split()
```

```
dict={}
for word in words:
    if word indict:
        dict[word]+ =1
    else:
        dict[word]=1

# 转换为列表,以第二个元素即词频逆序排序
items=list(dict.items())
items.sort(key=lambda x:x[1],reverse=True)

# 打印控制
for item in items:
    word,count=item
    print("{:<15}{:>5}".format(word,count))
```

程序运行结果如图 6-2 所示。

扩展:若统计对象为中文文章,需中文分词才能进行词频统计,这需要用到第三方库 jieba。jieba 库分词的原理是利用一个中文词库,确定汉字之间的关联概率,汉字间概率大的组成词组,形成分词结果,除了分词,用户还可以添加自定义的词组。

jieba 库分词有三种模式:精确模式、全模式、搜索引擎模式。

● 精确模式:把文本精确地切分开,不存在冗余单词。

● 全模式:把文本中所有可能的词语都扫描出来,有冗余。

图 6-2 例 6-21 程序运行结果

● 搜索引擎模式:在精确模式基础上,对长词再次切分。

jieba 库的常用函数如表 6-7 所示。

表 6-7 jieba 库的常用函数

函 数	描 述
jieba.cut(s)	精确模式,返回一个可迭代的数据类型
jieba.cut(s,cut_all=True)	全模式,输出文本 s 中所有可能单词
jieba.cut_for_search(s)	搜索引擎模式,适合搜索引擎建立索引的分词结果
jieba.lcut(s)	精确模式,返回一个列表类型,建议使用
jieba.lcut(s,cut_all=True)	全模式,返回一个列表类型,建议使用
jieba.lcut_for_search(s)	搜索引擎模式,返回一个列表类型,建议使用
jieba.add_word(w)	向分词词典中增加新词 w

请读者自学安装 jieba 库,思考如何用 jieba 库完成三国演义中人物出场次数的统计。

本章习题

一、选择题

1. 下列选项中,正确定义了一个字典的是( )。
   A. a=['a',1,'b',2,'c',3]   B. b=('a',1,'b',2,'c',3)
   C. c={'a',1,'b',2,'c',3}   D. d{'a':1,'b':2,'c':3}

2. 字典对象的( )方法返回字典的"值"列表。
   A. keys()   B. key()   C. values()   D. items()

3. Python 内置函数( )可以返回列表、元组、字典、集合、字符串以及 range 对象中元素个数。
   A. type()   B. index()   C. len()   D. count()

4. list=['a','b','c','d','e'],下列操作会正常输出结果的是( )。
   A. list[-4:-1:-1]   B. list[:3:2]
   C. list[1:3:0]   D. list['a':'d':2]

5. 执行以下操作后,list_two 的值是( )。
   ```
   list_one= [4,5,6]
   list_two= list_one
   list_one[2]= 3
   ```
   A. [4,5,6]   B. [4,3,6]   C. [4,5,3]   D. 都不对

6. 关于列表的说法,描述错误的是( )。
   A. list 是一个有序集合,没有固定大小
   B. list 可以存放 Python 中任意类型的数据
   C. 使用 list 时其下标可以是负数
   D. list 是不可变数据类型

7. Python 语句 print(type([1,2,3,4]))的输出结果是( )。
   A. ⟨class 'tuple'⟩   B. ⟨class 'dict'⟩
   C. ⟨class 'set'⟩   D. ⟨class 'list'⟩

8. 执行下列代码后,s 值为( )。
   ```
   s=['a','b']
     s.append([1,2])
     s.insert(1,7)
   ```
   A. ['a',7,'b',1,2]   B. [[1,2],7,'a','b']
   C. [1,2,'a','7','b']   D. ['a',7,'b',[1,2]]

二、编程题

1. 编写程序,使用切片操作生成包含 10 个随机数的列表,将前 5 个元素升序排列,后 5 个元素降序排列,并输出结果。

2. 编写程序,删除一个列表中的重复元素。

第 7 章 面向对象编程

高级程序设计语言中最基本的构成要素是变量(数据)、表达式、语句和函数,通过算法对这些元素进行组合可以实现复杂功能的程序。前面章节所学到的程序设计方法为面向过程的程序设计。面向过程的程序设计是把计算机程序视为一系列的命令集合,即一组函数的顺序执行。为了简化程序设计,面向过程把函数继续切分为子函数,即把大块函数切割成小块函数来降低系统的复杂度。例如前面章节的学生信息管理系统,学生信息的处理用不同的函数来实现,程序依次调用这些模块就能完成相应功能。面向过程的程序设计方法没有将学生看作一个整体,而是以功能为目标来设计构造应用程序。这种做法导致在进行程序设计的时候,没有遵循人类观察问题和解决问题的基本思路,而且增加了程序设计的复杂程度。

面向对象的程序设计是把计算机程序视为一组对象的集合,每个对象都可以接收其他对象发过来的消息并处理这些消息,计算机程序的执行就是一系列消息在各个对象之间传递。如果采用面向对象的程序设计思想设计学生信息管理系统,把客体学生及所具有的属性看成一个整体,把各项处理过程看成对象的行为,这样就会简化程序。相对于面向过程的编程方法,面向对象的编程更加方便后期代码的维护和功能的扩展。

7.1 类和对象

◆ 7.1.1 类和对象的定义

在面向对象的编程中,最重要的两个概念就是类和对象。

常言道,"物以类聚,人以群分"。我们把具有相似特征和行为的事物的集合统称为类。例如学生、汽车等,它们都是类。

类是对属于该类的全部对象的一个抽象定义,而对象则是符合这种定义的一个一个具体的实体,也可称为实例。例如某一名具体的学生就是一个对象,各个对象间拥有的数据都互相独立,互不影响。Python 中对象的概念很广泛。Python 中的一切内容都可以称为对象,函数也是对象。

类的定义包括事物的属性(特征)和行为两个部分,在 Python 中,分别称为属性和方法。例如学生类的属性包括学号、姓名、性别、年龄等,方法包括上课、选课等。汽车类的属性包括引擎数、挡位数、轮胎数等,方法包括换挡、开灯、刹车等。它们都是类的成员。

类具有三大特性:封装、继承、多态。具体内容在后续小节中介绍。

7.1.2 创建类和对象的语法

在 Python 中,使用 class 关键字来创建一个新类。class 关键字之后是一个空格,然后是类的名字,再后是一个冒号,最后换行并定义类的内部实现。类名的首字母一般要大写,当然也可以按照自己的习惯定义类名,但是一般推荐参考惯例来命名。创建类的基本语法格式如下:

```
class 类名:
    '类的帮助信息'    # 类文档字符串
    类的属性
    类的方法
```

例如创建一个 Dog 类:

```
class Dog():
    def sit(self):
        print("小狗蹲下!")
```

上例中,使用 class 定义了一个名称为 Dog 的类,类型中有一个 sit 方法,可看到,方法跟函数的格式是一样的,主要区别在于方法必须显式地声明一个 self 参数,而且位于参数列表的开头。self 参数代表类的实例(对象)本身,可以用来引用对象的属性和方法,后面会结合相关应用介绍其具体用法。

创建类完成后,即可创建对象,其基本语法格式如下:

```
对象名=类名()
```

例如,创建 Dog 类的一个对象的语法格式如下:

```
dog=Dog()
```

上述代码中,dog 实际上是一个变量,可以使用它来访问类的属性和方法。想要给对象添加属性,可以通过以下方式:

```
对象名.新属性名=值
```

例如,使用 dog 给 Dog 类的对象添加 name 属性,代码如下:

```
dog.name="多多"
```

接下来,通过一个完整的例子演示创建对象、添加属性和调用方法。

例 7-1 创建 Dog 类。

```
class Dog():
    def sit(self):
        print("小狗蹲下!")

    def roll_over(self):
        print("小狗打滚!")

dog=Dog()
dog.sit()
dog.roll_over()
dog.name="多多"
print(dog.name)
```

上例中,定义了 Dog 类,类里面定义了 sit() 和 roll_over() 两个方法,然后创建一个 Dog 类的对象 dog,然后依次调用了 sit() 和 roll_over() 方法并添加了 name 属性,赋值为"多多"。程序运行结果如下:

小狗蹲下!
小狗打滚!
多多

7.2 特殊方法

Python 提供了两个比较特殊的方法:__ init __()函数和__ del __(),分别用于初始化对象的属性和释放类所占用的资源。本节主要对这两个方法进行介绍。

◆ 7.2.1 构造方法

在例 7-1 中,我们给 Dog 类引用的对象 dog 动态地添加了 name 属性。试想一下,如果再创建一个 Dog 类的对象,还要通过"对象名.属性名称"的形式添加属性,每创建一个对象,就需要添加一次属性,这种做法显然非常麻烦。

为了解决这个问题,可以在创建对象的时候就设置好属性,Python 提供了一个构造方法,该方法的固定名称为__ init __()(两个下划线开头和两个下划线结尾)。当创建类的实例的时候,系统会自动调用构造方法,从而实现对类进行初始化的操作。

为了让大家更好地理解,下面通过一个例子演示如何使用构造方法进行初始化操作。

例 7-2 使用构造方法。

```
class Dog():
    def __init__(self):
        self.name="多多"

    def sit(self):
        print(self.name+"蹲下!")

    def roll_over(self):
        print(self.name+"打滚!")

dog=Dog()
dog.sit()
dog.roll_over()
```

程序运行的结果如下:

多多蹲下!
多多打滚!

上例的类声明中实现了__init__()方法,创建 Dog 实例 dog 时,Python 将调用 Dog 类的方法__init__()为 name 属性赋值。__init__()方法的定义中用到了 self 参数,self 参数是一个指向实例本身的引用,让实例能够访问类中的属性和方法。它永远是__init__()方法的第一参数,表示创建的类实例本身,实际上名字是可以变化的。Python 调用__init__()方法创建 Dog 实例时,将自动传入实参 self。每个与类相关联的方法调用都自动传递实参 self,以 self 为前缀的变量都可提供类中的所有方法使用,如 sit()和 roll_over(),我们还可以通过类的任何实例来访问这些变量。

无论创建多少个 Dog 对象,name 属性的初始值默认都为"多多"。如果想要在对象创建完成后修改属性的默认值,可以在构造方法中传入参数设置属性的值。下面通过一个例子来演示如何使用带参数的构造方法。

例 7-3 使用带参数的构造方法。

```
class Dog():
    def __init__(self,name,age):
        self.name=name
        self.age=age

    def sit(self):
        print(self.name+"蹲下!")

    def roll_over(self):
        print(self.name+"打滚!")

dog1=Dog("多多",6)          # 创建实例对象
print('狗的名字:'+dog1.name+',年龄:'+str(dog1.age))    # 访问属性
dog1.sit()                  # 调用方法
dog1.roll_over()            # 调用方法
dog2=Dog("淘淘",3)
print("狗的名字:"+dog2.name+",年龄:"+str(dog2.age))
```

上例通过实参向 Dog()传递名字和年龄,self 会自动传递,因此不需要给它传值。每次根据 Dog 类创建实例时,都只需给最后两个形参 name 和 age 提供值。self.name=name,等号左边的 name 是实例的属性,等号右边的 name 是方法__init__()的参数,两个是不同的。它的含义是获取存储在形参 name 中的值并将值存储到变量 name 中,然后实例变量被关联当前创建的实例。self.age=age 同理。

程序运行结果如下:

```
狗的名字:多多,年龄:6
多多蹲下!
多多打滚!
狗的名字:淘淘,年龄:3
```

◆ **7.2.2 析构方法**

当创建对象以后,Python 解释器默认会调用__init__()方法;当删除一个对象来释放类所占用资源的时候,Python 解释器默认会调用另外一个方法,这个方法就是__del__()方法。

当使用 del 删除对象时,会调用对象本身的析构函数,另外当对象在某个作用域中调用完毕,在跳出其作用域的同时析构函数也会被调用一次,这样可以用来释放内存空间。__del__()也是可选的,如果不提供,则 Python 会在后台提供默认析构函数。

接下来通过例子来演示如何使用析构方法释放占用的资源。

例 7-4 使用析构方法。

```
class Dog():
  def __init__(self,name,age):
    self.name=name
    self.age=age
    print("这是构造方法!")

  def sit(self):
    print(self.name+"蹲下!")

  def roll_over(self):
    print(self.name+"打滚!")

  def __del__(self):
    print("这是析构方法!")

dog=Dog("多多",6)
del dog
```

上例中,在构造方法和析构方法中都加入了输出语句,创建对象时自动调用__init__()方法,删除 dog 对象时,自动调用__del__()方法。程序运行结果如下:

这是构造方法!
这是析构方法!

7.3 类的成员

Python 程序中,属性和方法统称为类的成员。类的成员可以分为私有成员和公有成员。

公有成员是可以公开使用的,即可以在类的内部进行访问,也可以在外部程序中使用。

私有成员是以两个下划线(__)开头,在类的外部是不能直接访问的,只能在类的内部进行访问和操作。Python 中不存在严格意义上的私有成员,在类外部可以通过调用对象的公有成员方法或通过"对象名._类名__×××"这种特殊方法来访问。

例 7-5 类成员的访问方法。

```
class Dog:
  def __init__(self,name,age):
    self.name=name
    self.__age=age
```

```
        def  eat(self):
            print("%s岁的%s正在吃!"%(self.__age,self.name))

        def __drink(self):
            print("它在喝水!")
        def  getage(self):
            return self.__age

a=Dog('多多',3)
print(a.name)
print(a.__age)
a.eat()
a.__drink()
```

程序运行结果如下:

```
多多
Traceback (most recent call last):
  File "C:/Users/Administrator/Desktop/7-5.py",line 13,in<module>
    print(a.__age)
AttributeError: 'Dog' object has no attribute '__age'
```

结果说明公有成员在类外可以正常访问,现报错的提示信息为:Dog类没有找到__age属性。出现上述问题,原因在于__age属性为私有属性,类的外面无法访问类的私有属性。注释该行语句,程序运行结果如下:

```
多多
3岁的多多正在吃!
Traceback (most recent call last):
  File " C:/Users/Administrator/Desktop/7-5.py ",line 21,in<module>
    a.__drink()
AttributeError: 'Dog' object has no attribute '__drink'
```

错误提示信息为:Dog类没有找到__drink属性。出现上述问题,原因在于__drink属性为私有方法,类的外面无法访问类的私有方法。为了能在外界访问私有属性和私有方法,可以将上述代码改为:

```
class  Dog:
    def __init__(self,name,age):
        self.name=name
        self.__age=age

    def  eat(self):
        print ("%s岁的%s正在吃!"%(self.__age,self.name))

    def  getage(self):
        return self.__age
```

```
a=Dog('多多',3)
# print(a.__age)
a.eat()
# a.__drink()
a.getage()
print(a._Dog__age)
a._Dog__drink()
```
程序运行结果如下:
多多
3岁的多多正在吃!
3
它在喝水!

7.4 类属性和实例属性

如果需要给对象增加一个属性,比如给一个 Student 类增加一个 name 属性,那么在 __init__(self,name)中增加一个 self.name=name 即可。这样每新建一个对象,就会有一个对应的 name 属性与之对应,且对象之间的 name 是不共享的,这种属性称为实例属性。例如:

```
class Student(object):
    def __init__(self,name):
        self.name= name
```

然而有时候我们希望让所有新建出来的对象共享同样的一个属性,这时就需要用到类属性。类属性是类所拥有的属性,它需要在类中显式定义(位于类内部,方法的外面),它被所有类的实例对象所共有,在内存中只存在一个副本。例如:

```
class Student(object):
    # 属性
    num=0                          # 类属性
    # 方法
    def __init__(self,name):
        self.name=name             # 实例属性
```

接下来,通过例子来演示实例属性和类属性的使用。

例 7-6 使用实例属性和类属性。

```
class Student(object):
    # 属性
    num=0                          # 类属性


    # 方法
    def __init__(self,name):
        self.name=name     # 实例属性
```

```
stu=Student("张三")
print(stu.name)           # 访问实例属性
print(stu.num)            # 通过对象访问类属性
print(Student.num)        # 通过类名访问类属性
```

程序运行结果如下：

```
"张三"
0
0
```

从上述程序运行结果可以得到，类属性值可以通过类名和对象名访问。

当类属性值和实例属性重名时，程序如何访问呢？将__init__()方法改写为以下代码：

```
def __init__(self,name,num):
    self.name=name        # 实例属性
    self.num=num          # 实例属性
```

创建 stu 对象相应改为如下代码：

```
stu=Student("张三",10)
```

程序运行结果如下：

```
张三
10
0
```

从上述程序运行结果可以得到，当类属性值和实例属性重名时，通过对象访问属性时会获取实例属性对应的值，通过类名访问属性会获取类属性对应的值。

7.5 方法

Python 3 中类的方法主要有实例方法、静态方法和类方法三种。

◆ 7.5.1 实例方法

实例方法，即不加任何修饰的，直接用 def 定义的方法，默认有 self 参数。

外部通过对象名调用实例方法时并不需要传递 self 参数，如果通过类名调用属于对象的公有方法，需要显式地为该方法的 self 参数传递一个对象名，用来明确指定访问哪个对象的数据成员。

接下来，通过例子来演示实例方法的使用。

例 7-7 使用实例方法。

```
class Cat:
    def __init__(self,newcolor):
        self.color=newcolor
    def appearance(self):
        print("颜色为:% s" % self.color)
cat=Cat("白色")
cat.appearance()              # 实例对象 cat 调用 appearance 方法
Cat.appearance(cat)           # 类名 Cat 调用 appearance 方法
```

程序运行结果如下:
颜色为:白色
颜色为:白色

◆ 7.5.2 类方法

类方法中需要加上 @classmethod 装饰器来标识,其语法格式如下:

```
class 类名:
    @classmethod
    def 类方法名(cls):
        方法体
```

类方法的第一个参数默认为 cls,代表定义类方法的类,可以通过 cls 访问类属性。

类方法既可以通过对象名调用,又可以通过类名调用。类方法可以访问类属性,无法访问实例属性。

接下来,通过例子来演示类方法的使用。

例 7-8 使用类方法。

```
class Student(object):
    # 属性
    num=0                    # 类属性

    # 类方法
    def __init__(self,name):
        self.name=name       # 实例属性

    @classmethod             # 类方法
    def setNum(cls,newNum):
        cls.num=newNum

stu=Student("张三")
stu.setNum(30)               # 通过类名调用类方法
print(Student.num)
Student.setNum(20)           # 通过对象名调用类方法
print(Student.num)
```

程序运行结果如下:
30
20

◆ 7.5.3 静态方法

静态方法中需要加上@staticmethod 装饰器来标识,其语法格式如下:

```
class 类名:
    @staticmethod
    def 静态方法名():
        方法体
```

静态方法的参数列表没有任何参数,所以静态方法无法访问类属性、实例属性,它相当于一个相对独立的方法,跟类其实没什么关系,简单讲,静态方法就是放在一个类的作用域里的函数而已。

静态方法既可以通过对象名调用,又可以通过类名调用。

接下来,通过例子来演示静态方法的使用。

例 7-9 使用静态方法。

```
class Test(object):

    @ staticmethod              # 静态方法
    def sleep():
        print("Sleeping!")


test=Test()
Test.sleep()                    # 通过类名调用类方法
test.sleep()                    # 通过对象名调用类方法
```

程序运行结果如下:

```
Sleeping!
Sleeping!
```

7.5.4 三种方法比较

类属性可以通过类名和对象进行访问。

实例属性可以通过对象进行访问,不能通过类名访问。

实例方法、类方法、静态方法都可以通过类名或对象名调用。

实例方法可以访问实例属性,但不能访问类属性。类方法可以访问类属性,无法访问实例属性。静态方法无法访问类属性、实例属性。

具体比较如表 7-1 所示。

表 7-1 三种方法的比较

	类属性	实例属性	实例方法	类方法	静态方法
类	√	×	√	√	√
对象	√	√	√	√	√
类属性	√	×	×	√	×
实例属性	×	√	√	×	×

那实例方法、类方法、静态方法这三者有什么区别呢？三者的使用场景如下:

- 修改实例属性的值时,直接使用实例方法;
- 修改类属性的值时,直接使用类方法;
- 提供辅助功能如打印系统菜单,在不创建对象的前提下使用静态方法。

例 7-10 通过类名访问类属性、实例属性、实例方法、类方法、静态方法。

```
class Student(object):
    num=0                                      # 类属性
```

```
    def __init__(self,name):
        self.name=name          # 实例属性

    def print1(self):           # 实例方法
        print("这是实例方法!")

    @classmethod                # 类方法
    def print2(cls):
        print("这是类方法!")

    @staticmethod               # 静态方法
    def print3():
        print("这是静态方法!")
stu=Student("张三")
print(Student.num)              # 通过类名访问类属性
print(Student.name)             # 通过类名访问实例属性
Student.print1(stu)             # 通过类名访问实例方法
Student.print2()                # 通过类名访问类方法
Student.print3()                # 通过类名访问静态方法
```

程序运行,出现如下结果:

```
0
Traceback (most recent call last):
  File "C:\Users\Administrator\Desktop\7-10.py",line 27,in<module>
    print(Student.name)         # 通过类名访问实例属性
AttributeError: type object 'Student' has no attribute 'name'
```

上述结果说明通过类名不能访问实例属性,注释后,程序运行结果如下:

```
0
这是实例方法!
这是类方法!
这是静态方法!
```

例 7-11　通过对象访问类属性、实例属性、实例方法、类方法、静态方法。

```
class Student(object):
    num=0                       # 类属性

    def __init__(self,name):
        self.name=name          # 实例属性

    def print1(self):           # 实例方法
        print("这是实例方法!")

    @classmethod                # 类方法
```

```
        def print2(cls):
            print("这是类方法!")

        @staticmethod              # 静态方法
        def print3():
            print("这是静态方法!")

stu=Student("张三")
print(stu.name)              # 通过对象访问实例属性
print(stu.num)               # 通过对象访问类属性
stu.print1()                 # 通过对象访问实例方法
stu.print2()                 # 通过对象访问类方法
stu.print3()                 # 通过对象访问静态方法
```

程序运行结果如下:

```
张三
0
这是实例方法!
这是类方法!
这是静态方法!
```

7.6 封装

通常把隐藏属性、方法与方法实现细节的过程称为封装。封装是面向对象方法的一个重要特征。换而言之,封装其实就是使用构造方法将内容封装到对象中,然后通过对象直接或者 self 间接获取被封装的内容。

接下来,通过例子来演示封装的使用。

例 7-12 使用封装的方法。

```
class Dog:
    def __init__(self,name,age):
        self.name=name
        self.age=age

    def eat(self):
        print("%s 岁的%s 正在吃!"%(self.age,self.name))

a=Dog('多多',3)
print(a.name)
print(a.age)
a.eat()
```

上述示例中,创建了一个 Dog 类的实例 a,并使用 eat()方法调用了 name 和 age 的值,这里的 eat()实际就是类的封装。程序运行结果如下:

多多
3
3岁的多多正在吃!

有时为了保护类里面的属性不被外界随意赋值,一般采用以下两种方式:
- 把属性定义为私有属性,即在属性名的前面加上两个下划线。
- 添加可以供外界调用的两个方法,分别用于设置或者获取属性值。

7.7 继承

7.7.1 单继承

继承是为代码复用和设计复用而设计的,是面向对象程序设计的重要特性之一。面向对象中的继承和现实生活中的继承相同,即子可以继承父的内容。

当设计一个新类时,如果可以继承一个已有的设计良好的类,然后进行二次开发,无疑会大幅度减少开发工作。在继承关系中,已有的、设计好的类称为父类或基类,新设计的类称为子类或派生类。子类继承了其父类的所有属性和方法,同时还可以定义自己的属性和方法。

在 Python 程序中,继承使用如下语法格式:

class 子类名(父类名):

在定义类的时候,并没有明确地标注出该类的父类。如果在类的定义中没有标注出父类,这个类默认是继承自 object 的。

子类可以继承父类的公有属性和公有方法,但是不能继承其私有属性和私有方法。

如果需要在子类中调用父类的方法,可以使用内置函数 super()或者通过"父类名.方法名()"的方式来实现。super()函数中需要传入子类名和子类对象(在类中用 self)。

接下来,通过例子来演示继承的使用。

例 7-13 使用继承的特性。

```
class Dog:
    def __init__(self,name,age):
        self.name=name          # 公有属性
        self.__age=age          # 私有属性

    def drink(self):            # 公有方法
        print("%s 岁的%s 正在喝奶!" %(self.__age,self.name))

    def __eat(self):            # 私有方法
        print("%s 岁的%s 正在吃!" %(self.__age,self.name))


class SubDog(Dog):
    def test1(self):            # 访问父类公有属性
        print(self.name)

    def test2(self):            # 访问父类私有属性
```

Python 7-13

```
            print(self.__age)

    def test3(self):          # 访问父类公有方法
        self.drink()

    def test4(self):          # 访问父类私有方法
        self.__eat()

    def test(self):           # 访问父类方法
        super(SubDog,self).drink()

a=SubDog('小多多',1)
a.test1()
a.test2()
a.test3()
a.test4()
a.test()
```

运行时出现如下所示错误：

```
Traceback (most recent call last):
  File "C:/Users/Administrator/Desktop/7-13.py",line 30,in< module>
    a.test2()
  File "C:/Users/Administrator/Desktop/7-13.py",line 18,in test2
    print(self.__age)
AttributeError: 'SubDog' object has no attribute '_SubDog__age'
```

该错误提示 SubDog 对象中没有_SubDog__age 属性，由于__age 属性属于父类的私有属性，所以子类不能继承。

注释 a.test2()后运行，发现仍出现错误，错误提示如下：

```
Traceback (most recent call last):
  File "C:/Users/Administrator/Desktop/7-13.py",line 32,in<module>
    a.test4()
  File "C:/Users/Administrator/Desktop/7-13.py",line 24,in test4
    self.__eat()
AttributeError: 'SubDog' object has no attribute '_SubDog__eat'
```

该错误提示 SubDog 对象中没有_SubDog__eat 属性，由于__eat 属性属于父类的私有方法，所以子类不能继承。

注释 a.test2()与 a.test4()后，程序正常运行，结果如下：

```
小多多
1岁的小多多正在喝奶！
1岁的小多多正在喝奶！
```

◆ **7.7.2 多继承**

子类拥有一个父类，称为单继承。若拥有多个父类，称为多继承。Python 支持多继承。

多继承可以看作是对单继承的扩展,在子类名称的括号中标注出要继承的多个父类,并且多个父类间使用逗号进行分隔。多继承的语法格式如下:

class 子类(父类1[,父类2,...]):

子类测试可以使用issubclass()或者isinstance()方法来检测。

- issubclass():布尔函数,判断一个类是另一个类的子类或者子孙类。其语法格式为:

issubclass(子类,父类)

- isinstance(obj,Class):布尔函数,如果obj是Class类的实例对象或者是一个Class子类的实例对象,则返回True。

例7-14 使用多继承的特性。

```
class Father:
    def playing(self):
        print("爸爸喜欢运动!")


class Mother:
    def shopping(self):
        print("妈妈喜欢购物!")


class Son(Father,Mother):
    pass

son=Son()
son.playing()
son.shopping()
print(issubclass(Son,Father))
print(isinstance(son,Son))
```

上例中,Son类继承Father类和Mother类,所以对象son可以调用Father类中的playing()和Mother类中的shopping()两个方法。Son类是Father类的子类,所以测试结果为True,son是Son类的实例对象,所以测试结果为True。程序运行结果如下:

```
爸爸喜欢运动!
妈妈喜欢购物!
True
True
```

如果多个父类中有相同的方法名,那么子类的对象会调用哪个父类的方法呢?接下来,通过例子来演示。

例7-15 多继承相同的方法。

```
class Father:
    def playing(self):
        print("爸爸喜欢运动!")

    def shopping(self):
        print("爸爸喜欢购物!")
```

```
class Mother:
    def playing(self):
        print("妈妈喜欢运动!")

    def shopping(self):
        print("妈妈喜欢购物!")

class Son(Father,Mother):
    pass

son=Son()
son.playing()
son.shopping()
```

程序运行结果如下：

爸爸喜欢运动!

爸爸喜欢购物!

从上述结果可以看出，对象 son 的 playing() 和 shopping() 调用的是 Father 类的两个方法。

在 Python 3 中，如果多个父类中有相同的方法名，而在子类中使用时没有指定父类名，则 Python 解释器将从左向右按顺序搜索。如果当前类的继承关系比较复杂，Python 会使用 mro(method resolution order，即方法解析顺序)算法找到合适的类，可以调用 __mro__() 方法查看某个类的对象搜索方法时的先后顺序。

上例中若用 __mro__() 方法查看调用顺序，代码如下：

```
print(Son.__mro__)
```

程序运行结果如下：

```
(<class '__main__.Son'>,<class '__main__.Father'>,<class '__main__.Mother'>,<class 'object'>)
```

7.7.3 重写

在继承关系中，子类会自动拥有父类定义的方法，但是有时子类想要按照自己的方式实现方法，即对父类中继承来的方法进行重写，使得子类中的方法覆盖掉跟父类同名的方法。需要注意的是，在子类中重写的方法要和父类被重写的方法具有相同的方法名和参数列表。

例 7-16 重写父类。

```
class Father:
    def playing(self):
        print("爸爸喜欢运动!")

    def shopping(self):
        print("爸爸喜欢购物!")
```

```
class Mother:
    def playing(self):
        print("妈妈喜欢运动!")

    def shopping(self):
        print("妈妈喜欢购物!")

class Son(Father,Mother):

    def playing(self):
        print("儿子喜欢运动!")

    def shopping(self):
        print("儿子喜欢购物!")

son=Son()
son.playing()
son.shopping()
```

程序运行结果如下：

儿子喜欢运动!
儿子喜欢购物!

7.8 多态

多态是指一类事物具有多种形态。例如所有的轿车都有四个门、一个引擎和四个车轮，但是却有非常多不同类型的轿车。当然可以用一个单独的列表来保存这些不同类型的命令或对象，然而有个更简单的方法可实现，就是使用多态的方法，多态可以增加程序的灵活性。

在 Python 中，多态指在不考虑对象类型的情况下使用对象。Python 推崇"鸭子类型"，它是指如果一只动物走起路来像鸭子，游起泳来像鸭子，叫起来也像鸭子，那么它就可以被当作鸭子。也就是说，它不关注对象的类型，而是关注对象具有的行为。

接下来，通过例子来演示多态的使用。

例 7-17 使用多态。

```
class Father:
    def playing(self):
        print("爸爸喜欢运动!")

class Mother:
    def playing(self):
        print("妈妈喜欢运动!")
```

```
class Son(Father,Mother):
    def playing(self):
        print("儿子喜欢运动!")

def func(temp):
    temp.playing()

father=Father()
func(father)
mother=Mother()
func(mother)
son=Son()
func(son)
```

上例定义了一个带参数 temp 的函数 func,在该函数中调用了 temp 的 playing 方法,最后创建了 Father 类和 Mother 类的对象 father 和 mother,并且将它们作为参数调用了 func 方法。程序运行结果如下:

爸爸喜欢运动!
妈妈喜欢运动!
儿子喜欢运动!

从运行结果可以看出,向 func()函数中传入不同类型的参数,playing()方法打印不同的结果。

7.9 应用案例

例 7-18 例 5-8 使用函数设计了一个简易的学生信息管理系统,现用面向对象的方法实现学生信息管理系统。

分析:学生和学生信息管理系统均可用类来实现,学生类具体包括学生的相关信息,学生信息管理系统类包括对学生信息的增删查改操作及系统的初始化和退出。

具体设计如下:

新建学生类,代码如下:

```
# 学生类
class Student:
    def __init__(self,stuno,name,age,sex,dept,nation):
        self.stuno=stuno
        self.name=name
        self.age=age
        self.sex=sex
        self.dept=dept
        self.nation=nation
```

新建学生信息管理系统类,代码如下:

```python
# 学生信息管理系统类
class Sys:
    def __init__(self):
        pass

    # 展示系统菜单
    def show_menu(self):
        print("="*50)
        print("学生信息管理系统 V2.0")
        print("1:添加用户信息")
        print("2:查询用户信息")
        print("3:修改用户信息")
        print("4:删除用户信息")
        print("5:显示用户信息")
        print("0:退出系统")
        print("* "*50)

    # 输入学生菜单
    def getinfo(self):
        global new_stuno
        global new_name
        global new_age
        global new_sex
        global new_dept
        global new_nation
        new_stuno=input("请输入学号:")
        new_name=input("请输入名字:")
        new_age=input("请输入年龄:")
        new_sex=input("请输入性别:")
        new_dept=input("请输入专业:")
        new_nation=input("请输入民族:")

    # 添加学生信息
    def addstu(self):
        # 调用getinfo方法
        self.getinfo()
        # 以no为key,将新输入的信息赋值给Student类
        students[new_stuno]=Student(new_stuno,new_name,new_age,new_sex,new_dept,new_nation)
        print("="* 50)

    # 查询学生信息
    def findstu(self):
```

```python
        find_no=input("请输入要查的学号:")
        if find_no in students.keys():
            print("学号:% s\t名字:% s\t年龄:% s\t性别:% s\t名字:% s\t民族:% s" %
                  (students[find_no].stuno,students[find_no].name,
                    students[find_no].age,students[find_no].sex,
                      students[find_no].dept,students[find_no].nation))
        else:
            print("查无此人")
        print("=" * 50)

    # 修改学生信息
    def modifystu(self):
         newno=input("请输入你要修改学生的学号:")
        self.getinfo()
        # 当字典中key相同时,覆盖掉以前的key值
        ifnewno in students.keys():
             students[new_stuno]=Student(new_stuno,new_name,new_age,new_sex,new_dept,new_nation)
            del students[newno]
        else:
            print("查无此人")
        print("=" * 50)


    # 删除学生信息
    def delstu(self):
        del_no=input("请输入要删除的学号:")
        if del_no in students.keys():
            del students[del_no]
        else:
            print("查无此人")
        print("=" * 50)


    # 显示学生信息
    def showstu(self):
        for new_stuno in students:
            print("学号:% s\t名字:% s\t年龄:% s\t性别:% s\t名字:% s\t民族:% s" %
                  (students[new_stuno].stuno,students[new_stuno].name,
                    students[new_stuno].age,students[new_stuno].sex,
                      students[new_stuno].dept,students[new_stuno].nation))
        print("=" * 50)


    # 退出
    def exitstu(self):
```

```
        print("欢迎下次使用!")
        exit()
```

创建类对象,启动程序,代码如下:

```
# 创建系统对象
sys=Sys()
# 定义一个容器来存储学生信息
students={}
sys.show_menu()
while True:
    key=int(input("请选择需要执行的功能:"))
    if  key==1:
        sys.addstu()
    elif  key==2:
        sys.findstu()
    elif  key==3:
        sys.modifystu()
    elif  key==4:
        sys.delstu()
    elif  key==5:
        sys.showstu()
    elif  key==0:
        sys.exitstu()
    else:
        print("您输入有误,请重新输入!")
```

程序运行结果略。

本章习题

一、选择题

1.面向对象程序设计着重于(　　)的设计。
A.类　　　　　　B.对象　　　　　　C.数据　　　　　　D.算法

2.下面(　　)不是面向对象系统所包含的要素。
A.对象　　　　　B.类　　　　　　　C.重载　　　　　　D.继承

3.下列代码的输出结果是(　　)。

```
class  Person:
    def __init__(self,id):
        self.id=id
tom=Person(123)
tom.__dict__['age']=20
print(tom.age+len(tom.__dict__))
```

A. 24　　　　　　B. 23　　　　　　C. 22　　　　　　D. 21

4. 在一个方法的定义中,可以通过表达式( )访问实例变量 x。

A. x   B. self. x   C. self. get(x)   D. self[x]

5. 以下关于 Python 类定义中的特殊方法说法错误的是( )。

A. 所有特殊方法的名称以两个下划线(__)开始和结束

B. 构造器__init__在实例化对象时调用

C. __str__(self)方法用来把字符串转换为对象

D. 析构器__del__在销毁对象时调用

6. 假设 a 为类 A 的对象且包含一个私有数据成员"__value",那么在类的外部通过对象 a 直接将其私有数据成员"__value"的值设置为 3 的语句可以写作( )。

A. A.__value=3   B. a. A.__value=3   C. a._A__value=3   D. a.__value=3

二、编程题

完成类的创建。

定义一个哮天犬对象,它将继承 Dog 类的方法,而 Dog 类又继承 Animal 类的方法,最终哮天犬会继承 Dog 类和 Animal 类的方法。

Animal 类拥有方法:eat(self)、drink(self)、run(self)、sleep(self)。

Dog 类拥有方法:bark(self)。

XiaoTianQuan 类拥有方法:fly(self)。

第8章 文件和异常

8.1 文件

◆ 8.1.1 文件概述

为了长期保存数据以便重复使用、修改和共享,必须将数据以文件的形式存储到外部存储介质(如磁盘、U盘、光盘等)中。按文件的存储格式的不同,可以把文件分为文本文件和二进制文件两大类。

1. 文本文件

文本文件存储的是字符。常见的文本文件包括.txt记事本文件、.pyPython源文件、.html网页文件等。它们可以使用文本编辑软件处理,如记事本、Notepad++等。这些文件按ASCII码、UTF-8或Unicode等格式编码。

2. 二进制文件

二进制文件存储的是0和1组成的二进制编码。常见二进制文件包括图片文件、音视频文件、可执行文件等。它们不能用记事本或其他普通文本处理软件直接编辑,需要使用专门的软件进行处理。这些文件把对象内容以字节串(bytes)的形式进行存储。

◆ 8.1.2 文件的打开和关闭

无论是文本文件还是二进制文件,其操作流程基本都是一致的。首先打开文件,操作结束后关闭并保存文件内容。

Python用内置的open()函数打开文件,并创建一个文件对象。open()函数的基本格式如下:

```
file=open(filename[,mode])
```

其中:filename指定了被打开的文件名称,如果要打开的文件不在当前目录中,还需要指定完整路径,为了减少完整路径中"\"符号的输入,可以使用原始字符串;mode指定了打开文件后的处理模式,具体如表8-1所示。

如果执行正常,open()函数返回1个文件对象,通过该文件对象可以对文件进行各种操作;如果指定文件不存在、访问权限不够、磁盘空间不够或其他原因导致创建文件对象失败,则抛出异常。

表 8-1　文件读/写模式

读写模式	说　　明
r	以只读模式打开(默认值)。该模式打开的文件必须存在,如果不存在,将报错异常
r+	以只读/写模式打开。该模式打开的文件必须存在,如果不存在,将报错异常
w	以写模式打开,如果文件存在,清空内容后重新创建文件夹
w+	以读/写模式打开,如果文件存在,清空内容后重新创建文件夹
a	以追加的方式打开,写入的内容追加到文件尾,该模式打开的文件夹如果已经存在,不会清空,否则新建一个文件夹
rb	以二进制读模式打开,文件的指针将会放在文件的开头
wb	以二进制写模式打开
ab	以二进制追加模式打开
rb+	以二进制读/写模式打开,文件指针将会放在文件的开头
wb+	以二进制读/写模式打开。如果文件存在,则将其覆盖;如果文件不存在,则会创建新的文件
ab+	以二进制读/写模式打开。如果文件存在,文件指针将会放在文件的末尾;如果文件不存在,则会创建新的文件用于读/写

在对文件内容操作完毕后,要关闭文件。关闭文件之前一般将缓冲的数据写入文件,然后再关闭,并释放文件的引用。代码如下:

```
file.flush()        # 将缓冲的数据写入文件
file.close()        # 关闭文件
```

◆ **8.1.3　文件对象的常用方法**

文件对象的常用方法如表 8-2 所示。

表 8-2　文件对象的常用方法

方　　法	功　能　说　明
flush()	把缓冲区的内容写入文件,但不关闭文件
close()	把缓冲区的内容写入文件,同时关闭文件,并释放文件对象
read([size])	从文件中读取 size 个字节(Python 2.×)或字符(Python 3.×)的内容作为结果返回,如果省略 size,则表示一次性读取所有内容
readline()	从文本文件中读取一行内容作为返回结果
readlines()	把文本文件中的每行文本作为一个字符串存入列表中,返回该列表
seek(offset[,whence])	把文件指针移动到新的位置,offset 表示相对于 whence 的位置,whence 为 0 表示文件从头开始计算,1 表示从当前位置开始计算,2 表示从文件末尾开始计算,默认为 0
tell()	返回文件指针的当前位置
truncate([size])	删除从当前指针位置到文件末尾的内容,如果指定了 size,则不论指针在什么位置都只留下前 size 个字节,其余的删除
write(s)	把字符串 s 的内容写入文件
writelines(s)	把字符串列表写入文本文件,不添加换行符

第 8 章 文件和异常

例 8-1 使用 read()方法读取文本文件的内容。

```
f=open("rtest.txt","r")      # 以只读的方式打开 test.txt 文件
print(f.read(10) )            # 读取 10 个字符
f.close()                     # 关闭文件
```

程序运行结果如下：

```
Beautiful
```

例 8-2 使用 readlines()方法读取所有文本文件的内容。

```
f=open("rtest.txt","r")
flist=f.readlines()           # 读取所有行的内容
for line in  flist:
    print(line)
f.close()
```

程序运行结果如下：

```
Beautiful is better than ugly.

Explicit is better than implicit.

Simple is better than complex.

Complex is better than complicated.

Flat is better than nested.

Sparse is better than dense.
```

从上述结果可以看到，每行文本之间有空行，这是由于原文件中每行末尾有换行符"/n"，用 print()语句打印时也包括了换行符。若要去掉空行，打印语句改为如下代码：

```
    print(line,end="")
```

例 8-3 使用 readline()方法读取每行文本文件的内容。

```
f=open("rtest.txt","r")
str=f.readline()              # 读取每行文本内容
while str! ="":
    print(str)
    str=f.readline()
f.close()
```

程序运行结果如下：

```
Beautiful is better than ugly.

Explicit is better than implicit.
```

```
Simple is better than complex.

Complex is better than complicated.

Flat is better than nested.

Sparse is better than dense.
```

例 8-4 使用 write() 方法向文本文件写入内容。

```
s="Hello,Python!"
f=open("wtest.txt","w+")    # 以写的方式打开文件
f.write(s)
f.close()
```

程序运行后生成 wtest 文件,用记事本打开后结果如下：

```
Hello,Python!
```

例 8-5 使用 writelines() 方法向文本文件写入内容。

```
lst=["Hello","Python"]
tup=("one","two","three")
dit={"no":"1","name":"张三"}
f=open("wtest.txt","a")    # 以追加写的方式打开文件
f.writelines(lst)
f.writelines(tup)
f.writelines(dit)
f.close()
```

程序运行后生成 wtest 文件,用记事本打开后结果如下：

```
Hello,Python!HelloPythononetwothreenoname
```

例 8-6 使用 tell() 方法获取当前读写位置。

```
f=open("rtest.txt","r")
str=f.read(10)              # 读 10 个字符
print(str)
print(f.tell())             # 获取文件当前位置
line=f.readline()           # 读一行的内容
print(line)
print(f.tell())
lines=f.readlines()         # 读所有行的内容
print(lines)
print(f.tell())
f.close()
```

程序运行结果如下：

```
Beautiful
10
is better than ugly.

32
['Explicit is better than implicit.\n','Simple is better than complex.\n','Complex is better than complicated.\n','Flat is better than nested.\n','Sparse is better than dense.']
193
```

例 8-7 使用 seek() 方法移动文件指针的位置。

```
f=open("wtest.txt","r+")
f.seek(6)                  # 移动指针至第 6 个位置
str=f.read(7)              # 读 7 个字符
print(str)
print(f.tell())            # 获取文件当前位置
f.seek(6)
f.write("******")          # 写入新内容
f.seek(0)
line=f.readline()          # 读所有行的内容
print(line)
```

程序运行结果如下：

```
Python!
13
Hello,******!HelloPythononetwothreenoname
```

前面介绍的读/写文件的 read() 方法和 write() 方法同样适用于二进制文件，但不能直接读取二进制文件的内容，只能读/写 bytes 字符串。将传统字符串加前缀 b 构成了 bytes 对象，即 bytes 字符串，可以写入二进制文件。整型、浮点型、序列等数据类型如果要写入二进制文件，需要先转换为字符串，再使用 bytes() 方法转换为 bytes 字符串，之后再写入文件。默认情况下，二进制文件是顺序读/写的，可以使用 seek() 方法和 tell() 方法移动和查看文件的当前位置。

接下来通过例子演示二进制文件读/写 bytes 字符串的使用。

例 8-8 向二进制文件读/写 bytes 字符串。

```
f=open("data.dat","wb")
f.write(b"Hello,world!")                    # 字符串加前缀 b 构成 bytes 字符串
n=123
f.write(bytes(str(n),encoding="utf-8"))     # 数值型转换为字符串，使用 utf-8 编码方式
f.close()


f=open("data.dat","rb")
print(f.readlines())
f.close()
```

Python 8-7

程序运行结果如下：

```
[b'Hello,world! 123']
```

如果用文本文件格式或者二进制文件存储Python中的各种对象，通常需要转换，用户可以使用Python的标准模块pickle处理文件中对象的读和写。这个过程称为对象的序列化，即把内存中的数据在不丢失其类型信息的情况下转成对象的二进制形式的过程，对象序列化后的形式经过正确的反序列化过程应该能够准确无误地恢复为原来的对象。

pickle模块的dump()方法用于序列化操作，能够将程序中运行的对象信息保存到文件中永久存储；load()方法可用于反序列化操作，能够从文件中读取保存的对象。

接下来通过例子演示pickle模块在对象序列化和二进制文件操作方面的应用。

例8-9 使用pickle模块读/写文件。

```python
import pickle

lst=["Hello","Python"]              # 列表对象
tup=("one","two","three")           # 元组对象
dit={"no":"1","name":"张三"}        # 字典对象

f=open("data.dat","wb")
pickle.dump(lst,f)                  # 列表对象写入文件
pickle.dump(tup,f)
pickle.dump(dit,f)
f.close()

f=open("data.dat","rb")
print(f.read())
f.seek(0)                           # 文件指针移动到开始位置
str1=pickle.load(f)                 # 读取保存对象
str2=pickle.load(f)
str3=pickle.load(f)
print(str1)
print(str2)
print(str3)
```

程序运行结果如下：

```
b'\x80\x03]q\x00(X\x05\x00\x00\x00Helloq\x01X\x06\x00\x00\x00Pythonq\x02e.\x80\x03X\x03\x00\x00\x00oneq\x00X\x03\x00\x00\x00twoq\x01X\x05\x00\x00\x00threeq\x02\x87q\x03.\x80\x03}q\x00(X\x02\x00\x00\x00noq\x01X\x01\x00\x00\x001q\x02X\x04\x00\x00\x00nameq\x03X\x06\x00\x00\x00\xe5\xbc\xa0\xe4\xb8\x89q\x04u.'
['Hello','Python']
('one','two','three')
{'no': '1','name': '张三'}
```

◆ **8.1.4 文件和目录的常用操作**

os模块和os.path模块提供了大量文件操作方法。表8-3给出了os模块常用文件操作

方法，表 8-4 给出了 os.path 模块常用文件操作方法，表 8-5 给出了 os 模块常用目录操作方法。

表 8-3 os 模块常用文件操作方法

方　　法	功　能　说　明
access(path,mode)	按照 mode 指定的权限访问文件
open(path,flags,mode=0o777,*,dir_fd=None)	按照 mode 指定的权限打开文件，默认权限为可读、可写、可执行
chmod(path,flags,mode,*,dir_fd=None,follow_symlinks=True)	改变文件的访问权限
remove(path)	删除指定的文件
rename(src,dst)	重命名文件或目录
stat(path)	返回文件的所有属性
fstat(path)	返回打开的文件的所有属性
listdir(path)	返回 path 目录下的文件和目录列表
startfile(filepath[,operation])	使用相关联的应用程序打开指定文件

表 8-4 os.path 模块常用文件操作方法

方　　法	功　能　说　明
abspath(path)	返回绝对路径
dirname(p)	返回目录的文件
exists(path)	判断文件是否存在
getatime(filename)	返回文件访问的最后时间
getctime(filename)	返回文件创建的时间
getmtime(filename)	返回文件最后修改的时间
getsize(filename)	返回文件的大小
isabs(path)	判断 path 是否为绝对路径
isdir(path)	判断 path 是否为目录
isfile(path)	判断 path 是否为文件
join(path,*paths)	连接两个或多个 path
split(path)	对路径进行分割，以列表形式返回
splitext(path)	从路径中分割文件的拓展名
splitdrive(path)	从路径中分割驱动器的名称
walk(top,func,arg)	遍历目录

表 8-5 os 模块常用目录操作方法

方　　法	功 能 说 明
mkdir(path[,mode=0777])	创建目录
makedirs(path1/path2…,mode=511)	创建多级目录
rmdir(path)	删除目录
removedirs(path1/path2…)	删除多级目录
listdir(path)	返回指定目录下的文件和目录信息
getcwd()	返回当前工作目录
get_exec_path()	反馈可执行文件的搜索路径
chdir(path)	把 path 设为当前工作目录
walk(top,topdown=True,onerror=None)	遍历目录树，该方法返回一个元组，包括三个元素：所有路径名、所有目录列表与文件列表
sep	当前操作系统所使用的路径分隔符
extsep	当前操作系统所使用的文件拓展名分隔符

8.2　异常

◆ 8.2.1　异常概述

异常是指程序运行时引发的错误。引发错误的原因有很多，例如除 0、下标越界、文件不存在、网络异常、类型错误、名字错误、字典键错误、磁盘空间不足等。如果这些错误得不到正确的处理将会导致程序终止运行，合理地使用异常处理结构可以使得程序更加健壮，具有更强的容错性。

Python 通过面向对象的方法来处理异常，由此引入了异常处理的概念。一段代码运行时如果发生了异常，则会生成代表该异常的一个对象，并把它交给 Python 解释器，解释器寻找相应的代码来处理这一异常。

◆ 8.2.2　常见的异常类

BaseException 是 Python 所有内置异常的基类，用户定义的类并不直接继承 BaseException，所有的异常类都是从 Exception 继承的，且都在 exceptions 模块中定义。Python 自动将所有异常名称放在内建命名空间中，所以程序不必导入 exceptions 模块即可使用异常。

Python 总共有 46 类常见异常，涵盖字符类型、输入、输出、系统、计算、索引等方面，具体如表 8-6 所示。

表 8-6 常见的异常类

异常名称	描述
BaseException*	所有异常的基类
SystemExit	解释器请求退出
KeyboardInterrupt	用户中断执行(通常是输入^C)
Exception	常规错误的基类
StopIteration	迭代器没有更多的值
GeneratorExit	生成器(generator)发生异常来通知退出
StandardError	所有的内建标准异常的基类
ArithmeticError	所有数值计算错误的基类
FloatingPointError	浮点计算错误
OverflowError	数值运算超出最大限制
ZeroDivisionError	除(或取模)零 (所有数据类型)
AssertionError	断言语句失败
AttributeError	对象没有这个属性
EOFError	没有内建输入,到达 EOF 标记
EnvironmentError	操作系统错误的基类
IOError	输入/输出操作失败
OSError	操作系统错误
WindowsError	系统调用失败
ImportError	导入模块/对象失败
LookupError	无效数据查询的基类
IndexError	序列中没有此索引(index)
KeyError	映射中没有这个键
MemoryError	内存溢出错误(对于 Python 解释器不是致命的)
NameError	未声明/初始化对象 (没有属性)
UnboundLocalError	访问未初始化的本地变量
ReferenceError	弱引用(weak reference)试图访问已经垃圾回收了的对象
RuntimeError	一般的运行时错误
NotImplementedError	尚未实现的方法

续表

异常名称	描述
SyntaxError	Python 语法错误
IndentationError	缩进错误
TabError	Tab 和空格混用
SystemError	一般的解释器系统错误
TypeError	对类型无效的操作
ValueError	传入无效的参数
UnicodeError	Unicode 相关的错误
UnicodeDecodeError	Unicode 解码时错误
UnicodeEncodeError	Unicode 编码时错误
UnicodeTranslateError	Unicode 转换时错误
Warning	警告的基类
DeprecationWarning	关于被弃用的特征的警告
FutureWarning	关于构造将来语义会有改变的警告
OverflowWarning	旧的关于自动提升为长整型(long)的警告
PendingDeprecationWarning	关于特性将会被废弃的警告
RuntimeWarning	可疑的运行时行为(runtime behavior)的警告
SyntaxWarning	可疑的语法的警告
UserWarning	用户代码生成的警告

◆ 8.2.3 异常的处理结构

1. try…except 结构

异常处理结构中最常见也是最基本的是 try…except 结构。其语法如下：

```
try:
    # 语句块
except 异常名称:
    # 异常处理代码
```

try 中的语句块包含可能出现异常的语句，except 子句用来捕捉相应的异常。如果 try 中的代码块没有出现异常，则继续往下执行异常处理结构后面的代码；如果出现异常并且被 except 子句捕获，则执行 except 子句中的异常处理代码；如果出现异常但没有被 except 捕获，则继续往外层抛出；如果所有层都没有捕获并处理该异常，则程序终止并将该异常抛给最终用户。

接下来，通过例子演示 try…except 结构的用法。

例 8-10 使用 try…except 结构捕获异常。

```
try:
    num1=input("请输入第 1 个数:")
    num2=input("请输入第 2 个数:")
    print(int(num1)/int(num2))
except ZeroDivisionError:
    print("除数不能为 0!")
```

程序运行结果如下：

```
请输入第 1 个数:1
请输入第 2 个数:0
除数不能为 0!
```

2. try…except…else 结构

程序设计时有些代码是程序没有异常时需要执行的，这时可以使用 try…except…else 结构，该结构的语法如下：

```
try:
    # 语句块
except 异常名称:
    # 异常处理代码
else:
    # 处理代码
```

如果 try 中的代码块出现异常，执行异常处理代码；如果没有出现异常，执行 else 子句中的代码。

接下来，通过例子演示 try…except…else 结构的用法。

例 8-11 使用 try…except…else 结构捕获异常。

```
try:
    num1=input("请输入第 1 个数:")
    num2=input("请输入第 2 个数:")
    print(int(num1)/int(num2))
except ZeroDivisionError:
    print("除数不能为 0!")
else:
    print("程序没有异常!")
```

程序运行结果如下：

```
请输入第 1 个数:1
请输入第 2 个数:2
0.5
程序没有异常!
```

3. 带有多个 except 的 try 结构

在实际开发中，同一段代码可能会抛出多个异常，需要针对不同的异常类型进行相应的处理。为了支持多个异常的捕捉和处理，Python 提供了带有多个 except 的异常处理结构。其语法如下：

```
try:
    # 语句块
except 异常名称 1：
    # 异常处理代码 1
except 异常名称 2：
    # 异常处理代码 2
……
```

当 try 中的语句块出现异常时会根据异常的类型选择执行的 except 子句，后面剩余的 except 子句将不会再执行。

接下来，通过例子演示带有多个 except 的 try 结构的用法。

例 8-12 使用带有多个 except 的 try 结构捕获异常。

```
try:
    num1=input("请输入第 1 个数:")
    num2=input("请输入第 2 个数:")
    print(int(num1)/int(num2))
except ZeroDivisionError:
    print("除数不能为 0!")
except ValueError:
    print("只能输入数字!")
```

程序运行结果如下：

```
请输入第 1 个数:1
请输入第 2 个数:a
只能输入数字!
```

4. try…except…finally 结构

8 在程序中，有一种情况是无论是否捕获异常，都需要执行一些终止行为，比如文件关闭等，这时候可以使用 try…except…finally 结构进行处理。该结构语法如下：

```
try:
    # 语句块
except 异常名称：
    # 异常处理代码
finally：
    # 代码块
```

无论是否发生异常，finally 子句中的代码块都会执行。

接下来，通过例子演示 try…except…finally 结构的用法。

例 8-13 使用 try…except…finally 结构捕获异常。

```
try:
    num1=input("请输入第 1 个数:")
    num2=input("请输入第 2 个数:")
    print(int(num1)/int(num2))
```

```
except ZeroDivisionError:
    print("除数不能为 0!")
finally:
    print("该语句总会执行!")
```

程序运行结果如下：

```
请输入第 1 个数:1
请输入第 2 个数:2
0.5
该语句总会执行!
```

◆ 8.2.4 断言与上下文管理

断言与上下文管理是两种特殊的异常处理方式，在形式上比异常处理结构要简单一些，能够满足简单的异常处理或条件确认，并且可以与标准的异常处理结构结合使用。

1. 断言

assert 语句又称断言，指的是期望满足指定的条件。当用户约定的条件不满足时会触发 AssertionError 异常。断言可以在条件不满足程序运行的情况下直接返回错误，而不必等待程序运行后出现崩溃的情况。其语法格式如下：

```
assert 逻辑表达式
```

等价于：

```
if not 逻辑表达式:
    raise AssertionError
```

接下来通过例子演示 assert 语句的使用。

例 8-14 assert 语句的使用。

```
>>>assert 1==1      # 条件为 True 正常执行
>>>assert 1==2      # 条件为 False 触发异常
Traceback (most recent call last):
  File "<stdin>",line 1,in<module>
AssertionError
```

2. 上下文管理

使用上下文管理语句 with 可以自动管理资源，在代码块执行完毕后自动还原进入该代码块之前的现场或上下文。不论何种原因跳出 with 块，也不论是否发生异常，总能保证资源被正确释放，大大简化了程序员的工作。

with 语句的语法如下：

```
with 上下文表达式 [as 资源对象]:
    对象的操作
```

接下来，通过例子演示文件操作时 with 语句的用法，使用这样的写法不用担心忘记关闭文件，文件处理完以后，将会自动关闭。

例 8-15 文件操作时 with 语句的用法。

```
with open("/test.txt") as file:
    for line in f:
        print(line
```

本章习题

一、选择题

1. 下列代码的输出结果是(　　)。

```
a= 10
b= 0
try:
    c= a/b
    print(c)
except ZeroDivisionError as e:
    print(e)
finally:
    print("always excute")
print("done")
```

A. always excute　　B. always excute　　C. done　　D. division by zero
　division by zero　　division by zero　　division by zero
　done

2. Python 可以使用(　　)函数打开文件,这个函数默认的打开模式为(　　)。

A. open'w'　　　　　　　　　B. openfile'w'
C. openfile'r'　　　　　　　　D. open'r'

3. 下列关于文件相关模块说法错误的是(　　)。

A. 打开二进制文件应该采用模式'rt'
B. 可以使用 shelve 模块进行对象持久化
C. 文件操作可以使用 close 方法关闭流
D. 通常采用 with 语句以保证系统自动关闭打开的流

4. 以下选项不是 Python 文件读操作的是(　　)。

A. read()　　B. readline()　　C. readlines()　　D. open()

5. Python 文件相关模块中的 readline(size) 函数,其中参数 size 用于指明读取的(　　)。

A. 行数　　B. 字符串数　　C. 二进制数　　D. 字节数或字符数

二、简答题

1. 简述文本文件与二进制文件的区别。
2. 简述 Python 异常处理结构的几种形式。

第 9 章 使用模块和库编程

9.1 模块

9.1.1 模块的使用

模块是一个包含变量、语句、函数或类的定义的程序文件,文件的名字就是模块名加上.py扩展名。用户编写程序的过程,实际上就是编写模块的过程。模块往往为多个函数或者类的组合,常被应用程序所调用。使用模块可以提高代码的可维护性和可重用性,有利于避免函数名和变量名冲突。

应用程序要调用一个模块中的变量或者函数,需要先导入该模块。模块的导入有以下几种形式:

(1) 使用 import 关键字引入模块,语法格式如下:

```
import 模块1,模块2,…
```

当解释器遇到 import 语句时,如果模块位于当前的搜索路径,那么该模块就会被自动导入;否则去新的位置查找。

(2) 调用某个模块中的函数,格式如下:

```
模块名.函数名
```

在调用模块中的函数时,需要加上模块名,因为在多个模块中,可能存在名称相同的函数。如果只通过函数名来调用,解释器无法知道到底要调用哪个函数,所以在被调用函数前必须加上模块名,以示区别。具体示例如下:

```
>>>import math
>>>print(floor(2.222))
Traceback (most recent call last):
  File "<pyshell# 5>",line 1,in<module>
    print(floor(2.222))
NameError: name 'floor' is not defined
>>>print(math.floor(2.222))
    2
```

(3) 一个模块包含很多函数,若只需调用其中的某个函数,只需要引入该函数即可,格式如下:

```
from 模块名 import 函数名1,函数名2,…
```

例如，要导入模块 fib 的斐波那契（fibonacci）函数，使用如下语句：

```
from fib import fibonacci
```

值得注意的是，通过这种方式引入函数的时候，调用函数只能给出函数名，不能给出模块名。如果碰到当前两个模块都含有相同名称的函数，那么后面一次引入会覆盖前一次引入。

（4）如果需要用到某模块中的所有函数，也就是需要将模块中的所有内容全都导入当前的命名空间，格式如下：

```
from 模块名 import *
```

例如，将 random 模块中的所有内容导入，使用下列语句：

```
from random import *
```

需要注意的是，虽然 Python 提供了简单的方法导入一个模块中的所有内容，但这种方法不该被多次使用。

使用 import 引入某个模块后，Python 解释器是怎样找到对应文件的呢？这就涉及 Python 的搜索路径。搜索路径是由一系列目录名组成的，Python 解释器就依次从这些目录中寻找所引入的模块。搜索路径是在 Python 编译或安装的时候确定的，安装新的库应该会修改。

Python 解释器搜索模块位置的顺序如下：首先搜索当前目录，如果不在当前目录，Python 则搜索在 shell 变量 PYTHONPATH 的每个目录。如果找不到，Python 会继续查看默认路径。搜索路径被存储在 sys 模块中的 path 变量，可以通过代码来验证，具体如下：

```
>>>import sys
>>>print(sys.path)
```

输出的路径信息如下：

```
['','D:\\Programs\\Python\\Python37-32\\Lib\\idlelib',
'D:\\Programs\\Python\\Python37-32\\python37.zip','D:\\Programs\\Python\\Python37-32\\DLLs',
'D:\\Programs\\Python\\Python37-32\\lib','D:\\Programs\\Python\\Python37-32',
'D:\\Programs\\Python\\Python37-32\\lib\\site-packages']
```

从上面代码可以看出，sys.path 输出是一个列表，其中第 1 项输出的是当前目录，也就是我们执行 Python 解释器的目录。

了解了搜索路径的概念，就可以在脚本运行中修改 sys.path 来引入一些不在搜索路径中的模块。现在，在解释器的当前目录或者 sys.path 中的一个目录里面来创建一个 odel.py 的文件，示例代码如下：

```
def odel(n):
    if n%2!=0:
        print("%d是奇数!"%n)
    else:
        print("%d是偶数!"%n)
```

然后进入 Python 解释器，导入这个模块，使用模块名来访问定义的函数，运行结果如下所示：

```
>>>import odel
>>>odel.odel(35)
35是奇数!
>>>odel.odel(48)
48是偶数!
```

如果打算经常使用某个函数,可以给它赋一个本地的名称,示例代码如下:

```
odel=odel.odel
odel(50)
```

◆ 9.1.2 __name__属性

在 Python 中,每个 Python 文件都可以作为一个模块,模块的名字就是文件的名字,当一个开发人员编写完一个模块后,为了让模块能够在项目中达到想要的效果,这时开发人员会自行在.py 文件中添加一些测试信息。

我们希望测试代码只在单独执行.py 时运行,在被其他文件引用时不执行。为了解决这个问题,Python 提供了一个__name__属性,每个模块都有一个__name__属性。其值为__main__,表明该模块自身在运行,否则是被引用。因此,如果我们想在模块被引入时,模块中的某一程序块不执行,可以通过判断__name__属性的值来实现。

接下来,通过代码来演示上述过程。

例 9-1　__name__与__main__的使用。

在上述 odel.py 文件中加入代码:

```
def  odel(n):
    if n%2 !=0:
        print("%d是奇数!" %n)
    else:
        print("%d是偶数!"%n)
if __name__=="__main__":
    odel(45)
```

单独运行,程序结果如下所示:

```
45是奇数!
```

新建一个文件 test.py,调用 odel()函数:

```
from odel import odel
odel(34)
```

程序运行结果如下所示:

```
34是偶数!
```

◆ 9.1.3　Python 中的包

为了组织好模块,通常会将多个模块放在一个包中。包就是 Python 模块文件所在的目录,且该目录必须存在__init__.py 文件中(文件内容可以为空)。常见的包结构如图 9-1 所示。

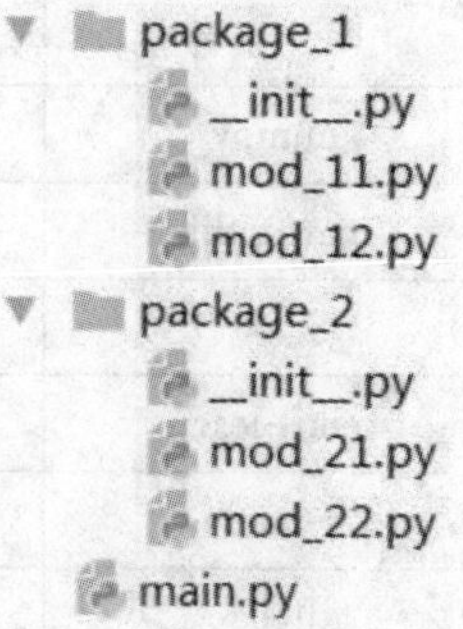

此时,如果 main.py 要引用 package_1 包中的 mod_11,可以使用下列语句实现:

```
from package_1 import mod_11
import package_1.mod_11
```

如果 package_1 包中的 mod_11 需要引用另一个模块 package_2,在默认情况下,Python 是找不到 package_2 模块的。除

▼ 📁 package_1
　　🐍 __init__.py
　　🐍 mod_11.py
　　🐍 mod_12.py
▼ 📁 package_2
　　🐍 __init__.py
　　🐍 mod_21.py
　　🐍 mod_22.py
　🐍 main.py

图 9-1　包结构

非在package_1包中的__init__.py文件中添加如下代码：

```
import sys
sys.path.append("../")
```

同时还需在 package_1 包中的所有模块都添加"import__init__"这句代码。

9.2 Python 的常见库

9.2.1 Python 的标准库

Python 标准库也称内置库或内置模块，是 Python 的组成部分。它随 Python 解释器一起在系统中，无须安装，只需要先通过 import 方法导入便可使用其中的方法。Python 常用标准库如表 9-1 所示。

表 9-1 Python 常用标准库

名 称	作 用
datetime	为日期和时间处理同时提供了简单和复杂的方法
zlib	直接支持通用的数据打包和压缩格式：zlib,gzip,bz2,zipfile,以及 tarfile
random	提供了生成随机数的工具
math	为浮点运算提供了对底层 C 函数库的访问
sys	工具脚本经常调用命令行参数。这些命令行参数以链表形式存储于 sys 模块的 argv 变量
glob	提供了一个函数用于从目录通配符搜索中生成文件列表
os	提供了不少与操作系统相关联的函数

9.2.2 Python 的第三方库

随着 Python 的发展，涉及更多领域、功能更全的应用以函数库形式被开发出来，通过开源的形式发布，这些函数库被称为第三方库。Python 当前包括超过 14 万个第三方库，这些库覆盖了信息技术领域所有的技术方向。常用的第三方库如表 9-2 所示。其中部分库将会在后续章节介绍。

表 9-2 Python 常用第三方库

库 名	用 途
numpy	n 维数据表示和运算
matplotlib	二维数据可视化
pil	图像处理
scikit-learn	机器学习和数据挖掘
request	HTTP 协议访问和网络爬虫
jieba	中文分词
beautiful soup	HTML 和 XML 解析器

续表

库 名	用 途
wheel	Python第三方库文件打包工具
pyinstaller	打包Python源文件为可执行文件
django	Python最流行的Web开发框架
flask	轻量级Web开发工具
werobot	微信机器人开发框架
sympy	数学符号计算工具
pandas	高效数据分析和计算
networkx	复杂网络和图结构的建模和分析
pyqt5	基于Qt的专业级GUI开发框架
pyopengl	多平台OpenGL开发接口
pygame	简单小游戏开发框架

Python中第三方库使用之前需要安装相应的库。有些环境已自带，例如Anaconda。像ILE、PyCharm环境需要自行安装，安装的方法主要有以下几种：

1. 使用pip命令安装

pip是Python标准库中的一个包，可以管理Python标准库中其他的包。pip是The Python Packaging Authority（PyPA）推荐的Python包管理工具。从Python 2.7.9或Python 3.4版本以后，官网的安装包中就自带pip，在安装时用户可以直接选择安装。常用的pip命令使用方法如表9-3所示。

表9-3 常用pip命令的使用方法

命令格式	说 明
pip install<包名>	安装相应模块
pip list	列出当前已安装的所有模块
pip freeze	查看当前已安装的模块及其版本号
pip install--upgrade<包名>	升级指定模块的版本
pip uninstall<包名>	卸载相应模块
python-m pip install--upgrade pip	pip命令升级
pip install<包名.whl>	使用whl文件直接安装指定模块（手动安装）

值得注意的是，pip默认下载地址是官方源即https://pypi.org/simple，经常会出现速度过慢或者下载安装包失败的情况，所以我们一般使用国内的pip镜像安装源。常用的国内镜像安装源有很多，如清华大学：https://pypi.tuna.tsinghua.edu.cn/simple，阿里云：http://mirrors.aliyun.com/pypi/simple/，豆瓣：http://pypi.douban.com/simple/，中国科技大学 https://pypi.mirrors.ustc.edu.cn/simple/，华中理工大学：http://pypi.hustunique.com/，山东理工大学：http://pypi.sdutlinux.org/等。本机中可设置临时或者

永久更换镜像安装源,若为临时更换,使用 pip 命令安装时后面需要加参数 −i,例如从清华大学的镜像安装源中下载安装 pandas,则命令为 pip install − i https://pypi.tuna.tsinghua.edu.cn/simple pandas;若为永久更换,需在本机上做相应配置,在此不做介绍。

例 9-2 pip 命令的使用。

(1) pip list 如图 9-2 所示。

```
C:\Users\Administrator>pip list
Package    Version
---------- -------
pip        19.0.3
setuptools 40.8.0
You are using pip version 19.0.3, however version 20.2b1 is available.
You should consider upgrading via the 'python -m pip install --upgrade pip' command.
```

图 9-2　pip list

(2) pip 命令升级如图 9-3 所示。

```
C:\Users\Administrator>python -m pip install --upgrade pip
Collecting pip
  Downloading https://files.pythonhosted.org/packages/43/84/23ed6a1796480a6f1a2d
38f2802901d078266bda38388954d01d3f2e821d/pip-20.1.1-py2.py3-none-any.whl (1.5MB)
```

图 9-3　pip 命令升级

升级成功如图 9-4 所示。

```
Installing collected packages: pip
  Found existing installation: pip 19.0.3
    Uninstalling pip-19.0.3:
      Successfully uninstalled pip-19.0.3
Successfully installed pip-20.1.1
```

图 9-4　升级成功

(3) pip install pillow 如图 9-5 所示。

```
C:\Users\Administrator>pip install pillow
Collecting pillow
  Downloading https://files.pythonhosted.org/packages/75/f7/5487b57b9f908e2a952c
2376ec6fddb21a02b1d7dd2f35d0b5dd79ac0005/Pillow-7.2.0-cp37-cp37m-win32.whl (1.8M
B)
     38% |                        | 696kB 61kB/s eta 0:00:18
     39% |                        | 706kB 50kB/s eta 0:00:22
     39% |                        | 716kB 83kB/s eta 0:00:13
     40% |                        | 727kB 76kB/s eta 0:00:14
     41% |                        | 737kB 48kB/s eta 0:00:22
     41% |                        | 747kB 53kB/s eta 0:00:20
     42% |                        | 757kB 53kB/s eta 0:00:2
```

图 9-5　pip install pillow

安装成功如图 9-6 所示。

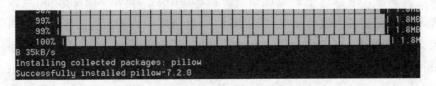

图 9-6　安装成功

(4) pip uninstall pillow 如图 9-7 所示。

图 9-7　pip uninstall pillow

2. PyCharm 下载所需包

PyCharm 下载第三方包在其菜单栏里就可完成。在菜单栏中依次选择"File—Settings",如图 9-8 所示,选中 Project 所在项目,选择"Project Interpreter",如图 9-9 所示。点击右上方的"＋"号,搜索库名如"pillow",点击"Install Package"安装此库,如图 9-10 所示,安装成功后即可使用,如图 9-11 所示。

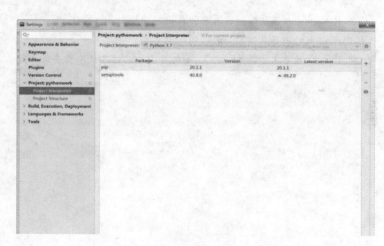

图 9-8　PyCharm 菜单　　　　　　图 9-9　Project Interpreter 界面

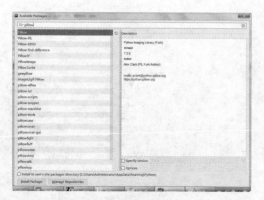
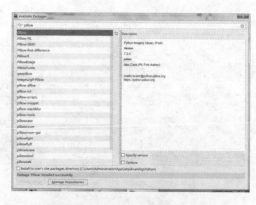

图 9-10　搜索第三方库界面　　　　图 9-11　安装第三方库成功界面

本章习题

一、选择题

1. 下列导入模块的语句中,错误的是( )。
   A. import numpy as np
   B. from numpy import * as np
   C. from numpy import *
   D. import matplotlib.pyplot

2. 下列关于包的说明中,错误的是( )。
   A. 包的外层目录必须包含在 Python 的搜索路径中
   B. 包的所有下级子目录都需要包含一个 __init__.py 文件
   C. 包由模块、类和函数等组成
   D. 包的扩展名是.py

3. 下列( )是 Python 的标准库。
   A. turtle
   B. jieba
   C. pillow
   D. pandas

4. 下列选项中,( )不是 pip 命令的参数。
   A. list
   B. change
   C. install
   D. uninstall

二、简答题

1. Python 导入模块时一般采用什么搜索顺序?
2. Python 的内置属性__name__有什么作用?
3. Python 的第三方库如何安装,如何查看当前计算机中已安装的第三方库?

第 10 章 GUI 编程

10.1 常见 Python GUI 编程

图形用户界面(graphical user interface,简称 GUI,又称图形用户接口)是指采用图形方式显示的计算机操作用户界面。允许用户使用鼠标等输入设备操纵屏幕上的图标或菜单选项,以选择命令、调用文件、启动程序或执行其他一些日常任务,友好地实现用户与程序的交互。Python 作为脚本语言,起初并不具备 GUI 工具,但由于其本身具有良好的可拓展性,因此目前有相当多的 GUI 在 Python 中使用。常用 Python GUI 如下:

1. tkinter

tkinter 被称为"Python 的标准 GUI 工具包",是 20 世纪 90 年代初推出的流行图形界面。tkinter 不仅可以在 rootdows 系统中使用,同时也可用于大多数的 UNIX 平台。由于 tkinter 库使用广泛,所以本书重点讲解该模块。

2. wxPython

wxPython 是一款开源软件,是 Python 语言的一套优秀的 GUI 图形库,允许 Python 程序员很方便地创建完整的、功能健全的 GUI 用户界面。

它是 Python 对跨平台的 GUI 工具集 wxWidgets(C++ 编写)的包装,作为 Python 的一个扩展模块实现。

3. Jython

Jython 程序可以和 Java 无缝集成。除了一些标准模块,Jython 使用 Java 的模块。Jython 几乎拥有标准的 Python 中不依赖于 C 语言的全部模块。Jython 可以被动态或静态地编译成 Java 字节码。

4. PyQt

PyQt 是 Qt 为 Python 专门提供的 GUI 扩展。PyQt 是一个用于创建 GUI 应用程序的跨平台的工具包,实现了 440 个类以及 6000 个函数或者方法,PyQt 是作为 Python 的插件实现的。它将 Python 编程语言和 Qt 库成功融合在一起。QT 库目前是最强大的 GUI 库之一。PyQt 可以运行在所有主流操作系统上,包括 UNIX、rootdows 和 Mac OS。

10.2 tkinter 编程概述

tkinter 在 Python 3.×下默认集成,内置到 Python 的安装包中,只要安装好 Python 就能通过 import tkinter 导入。简单的图形界面都可以通过 tkinter 库完成，但需要通过代码来完成窗口设计和元素布局。

进行 GUI 编程，需要掌握控件和容器两个基本概念。控件是指标签、按钮、输入框等对象，需将其放在容器中显示。容器是指可放置其他控件或容器的对象，例如窗口或框架（Frame），容器也可以叫作容器控件。Python 的 GUI 程序默认有一个主窗口，在这个主窗口上可以放置其他的控件。

例 10-1 创建简单的 GUI 界面。

```
import tkinter                                    #导入 tkinter 库
root=tkinter.Tk()                                 #建立 tkinter 窗口,设置窗口标题
root.title("Hello")                               #设置窗口标题
labelHello=tkinter.Label(root,text="Hello,Python!")   #在窗口中创建标签及显示文本
labelHello.pack()                                 #打包控件,将控件显示在其父容器中
root.mainloop()                                   #运行并显示窗口
```

运行结果如图 10-1 所示。在 GUI 程序中，如果要实现复杂的窗口界面，还需设置窗口的布局；如果需要窗口响应用户的操作，还要完成事件处理功能。

图 10-1　例 10-1 程序运行结果

使用 tkinter GUI 编程一般包括以下几个步骤：

（1）导入 tkinter 模块。

```
import tkinter 或 from tkinter import *
```

（2）创建主窗口对象，如果未创建主窗口对象，tkinter 将以默认的顶层窗口作为主窗口。

（3）创建标签、按钮、输入文本框等控件对象。

（4）打包控件，将控件显示在其父容器中。

（5）启动事件循环，GUI 窗口启动，等待响应用户操作。

Python 的 GUI 程序除了可以保存为以.py 为扩展名的文件，还可以用.pyw 作为扩展名。.pyw 格式的文件是用来保存 Python 的纯图形界面程序的，运行时不显示控制台窗口。建议将 Python 的 GUI 程序保存为.py 的格式，运行时显示控制台窗口，以方便查看程序运行的提示信息。

10.3　tkinter 的常用控件

目前 tkinter 提供 15 种核心控件，如表 10-1 所示。本节就其中部分控件进行详细介绍。

表 10-1 tkinter 的控件

控件名称	说明
Button	按钮控件,在程序中显示按钮
Canvas	画布控件,显示图形元素,如线条或文本
Checkbutton	多选框控件,用于在程序中提供多项选择框
Entry	输入控件,用于显示简单的文本内容
Frame	框架控件,在屏幕上显示一个矩形区域,多用来作为容器
Label	标签控件,可以显示文本和位图
Listbox	列表框控件,在 Listbox 窗口显示一组字符串列表给用户
Menubutton	菜单按钮控件,用于显示菜单项
Menu	菜单控件,显示菜单栏、下拉菜单和弹出菜单
Message	消息控件,用来显示多行文本,与 Label 比较类似
Radiobutton	单选按钮控件,显示一个单选的按钮状态
Scale	范围控件,显示一个数值刻度,为输出限定范围的数字区间
Scrollbar	滚动条控件,当内容超过可视化区域时使用,如列表框
Text	文本控件,用于显示多行文本
Toplevel	容器控件,用来提供一个单独的对话框,和 Frame 比较类似

◆ **10.3.1 Label 控件**

Label 是用于创建标签的组件,主要用于显示不可修改的文本、图片或者图文混排的内容。Label 控件的常用属性如表 10-2 所示。

表 10-2 Label 控件的常用属性

属性	说明
text	设置标签显示的文本
bg 和 fg	指定组件的背景色和前景色
width 和 height	指定组件的宽度和高度
padx 和 pady	设置组件内文本(左右和上下)的预留空白宽度
anchor	设置文本在组件内部的位置
justify	设置文本对齐方式
font	设置字体

需要说明的是,tkinter 库中的控件大部分属性都相同,Label 控件的常用属性也可用于大多数其他控件,表 10-2 中的属性在后面章节中也经常使用。

例 10-2 使用 Label 控件示例。

```
from tkinter import *
root=Tk()
```

Python 10-2

```
root.title('我的窗口')
root.geometry('500*500')    #设置窗口大小 500*500
label=Label(text='用户名：',bg='green')
label.grid()
root.mainloop()
```

程序运行结果如图 10-2 所示。

图 10-2　例 10-2 程序运行结果

◆ **10.3.2　Button 控件**

Button 控件用于创建按钮，通常用于响应用户的单击操作，即单击按钮时将执行指定的函数。Button 控件的常用属性如表 10-3 所示。Button 控件的 command 属性用于指定响应函数，其他大部分属性与 Label 控件的属性相同。

表 10-3　Button 控件的常用属性

属　　性	说　　明
text	显示文本内容
command	指定 Button 的事件处理函数
compound	同一个 Button 既显示文本又显示图片，可用此参数将其混叠起来，compound＝'bottom'(图像居下)，compound＝'center'(文字覆盖在图片上)，left，right，top 略
bitmap	指定位图，如 bitmap＝BitmapImage(file＝filepath)
image	Button 不仅可以显示文字，也可以显示图片，image＝PhotoImage(file＝"../xxx/xxx.gif")，目前仅支持.gif、PGM、PPM 格式的图片
focus_set	设置当前组件得到的焦点
master	代表了父窗口
bg	背景色，如 bg＝"red"，bg＝"♯FF56EF"
fg	前景色，如 fg＝"red"，fg＝"♯FF56EF"
font	字体及大小，如 font＝("Arial",8)，font＝("Helvetica 16 bold italic")
height	设置显示高度。如果未设置此项，其大小以适应内容标签
relief	指定外观装饰边界附近的标签，默认是平的，可以设置的参数：flat，groove，raised，ridge，solid，sunken
width	设置显示宽度。如果未设置此项，其大小以适应内容标签
wraplength	将此选项设置为所需的数量以限制每行的字符数，默认为 0
state	设置组件状态：正常(normal)、激活(active)、禁用(disabled)

续表

属 性	说 明
anchor	设置 Button 文本在控件上的显示位置,可取值:n(north),s(south),w(west),e(east),以及 ne,nw,se,sw
textvariable	设置 Button 与 textvariable 属性
bd	设置 Button 的边框大小;bd(bordwidth)缺省为 1 或 2 个像素

例 10-3 设计一个窗体,按钮默认文本为"开始",单击后按钮文本为"结束",再次单击后变成"开始",循环切换。

```
import tkinter
root=tkinter.Tk()
def fun():
    if button["text"]=="开始":
        button["text"]="结束"
    else:
        button["text"]="开始"
button=tkinter.Button(root,text="开始",command=fun)
button.pack()
root.mainloop()
```

程序运行结果如图 10-3 所示。

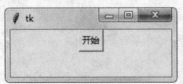 

图 10-3 例 10-3 程序运行结果

10.3.3 Entry 控件

Entry 控件用于显示和输入简单的单行文本。如果输入的字符串长度比该控件可显示空间更长,那么内容将被滚动。Entry 控件的部分属性与 Label 控件的相同,其他常用属性如表 10-4 所示,常用方法这里不再赘述,请读者查看相关文档。

表 10-4 Entry 控件的常用属性

属 性	说 明
state	设置组件状态
validate	设置执行 validatecommand 校验函数的时间
validatecommand	设置校验函数
textvariable	获取组件内容的变量
get()	返回组件中的全部字符
delete(first,last=None)	删除从 first 开始到 last 之前的字符

Python 10-3

例 10-4 设计一个窗体,实现一个简单的计算器。

```
fromt kinter import *

root=Tk()
frame=Frame(root)
frame.pack(padx=10,pady=10)

v1=StringVar()
v2=StringVar()
v3=StringVar()

Entry(frame,width=10,textvariable=v1).grid(row=0,column=0)
Label(frame,text="+").grid(row=0,column=1)
Entry(frame,width=10,textvariable=v2).grid(row=0,column=2)
Label(frame,text="=").grid(row=0,column=3)
Entry(frame,width=10,textvariable=v3,state="readonly").grid(row=0,column=4)

def calc():
    result=int(v1.get())+ int(v2.get())
    v3.set(str(result))

Button(frame,text="计算结果",command=calc).grid(row=1,column=2,pady=5)

mainloop()
```

程序运行结果如图 10-4 所示。

图 10-4　例 10-4 程序运行结果

10.3.4　Listbox 控件

Listbox 控件为列表框控件,可以包含一个或多个文本项(text item),可以设置为单选或多选。Listbox 控件的部分属性与 Label 控件的相同,其他常用属性和方法如表 10-5 所示。

表 10-5　Listbox 控件的常用属性和方法

属性/方法	说　　明
listvariable	关联一个 StringVar 类型的控制变量,该变量关联列表框全部选项

续表

属性/方法	说　　明
selectmode	选择模式,参数可设置为 BROWSE(默认值,只能选择一项,可拖动),SINLE(只能选中一项,不能拖动),MULTIPLE(多选),EXTENDED(通过鼠标的移动选择,可选中多个列表项)
xscrollcommand	关联一个水平滚动条
yscrollcommand	关联一个垂直滚动条
activate(index)	选中 index 对应的列表项
cursection()	返回包含选中项 index 的元组,无选中时返回空元组
insert(index,relements)	在 index 位置插入一个或多个列表项
get(first,last=None)	返回包含[first,last]范围内的列表项,省略 last 只返回 first 对应项
size()	返回列表项的个数
delete(first,last=None)	删除包含[first,last]范围内的列表项,省略 last 只删除 first 对应项

Listbox 控件的部分方法将列表项位置(index)作为参数。Listbox 控件中第一个列表项的 index 值为 0,最后一个列表项 index 可以使用常量 tkinter.END 表示。当前选中列表项的 index 值用常量 tkinter.ACTIVE 表示。

例 10-5　使用 Listbox 控件示例。

```
from tkinter import *
root=Tk()

listbox=Listbox(root)
#初始化列表框
items=["语文","数学","英语","物理"]
for item in items:
    listbox.insert(END,item)
listbox.pack(side=LEFT,expand=1,fill=Y)

def additem():                              #在列表框中添加选项
    str=entry1.get()
    if not str=='':
        index=listbox.curselection()
        if len(index)>0:
            listbox.insert(index[0],str)    #有选中项时,在选中项前面添加一项
        else:
            listbox.insert(END,str)         #无选中项时,添加到最后

def removeitem():                           #在列表框中删除选项
    index=listbox.curselection()
    if len(index)>0:
```

```
            if len(index)>1:
                listbox.delete(index[0],index[- 1])      #删除选中的多项
            else:
                listbox.delete(index[0])                  #删除选中的一项

entry1=Entry(width=20)
entry1.pack(anchor=NW)
bt1=Button(text='添加',command=additem)
bt1.pack(anchor=NW)
bt2=Button(text='删除',command=removeitem)
bt2.pack(anchor=NW)

mainloop()
```

程序运行结果如图 10-5 所示。

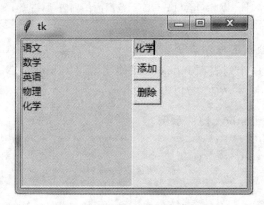

图 10-5 例 10-5 程序运行结果

10.3.5 Radiobutton 控件

Radiobutton 控件用于创建单选按钮组。按钮组由多个按钮组成，选中按钮组中的一项时，其他选项会被取消选中。Radiobutton 控件的部分属性与 Label 控件的相同，其他常用属性和方法如表 10-6 所示。

表 10-6 Radiobutton 控件的常用属性和方法

属性/方法	说　　明
command	指定 Radiobutton 的事件处理函数
variable	控制变量，跟踪 Radiobutton 的状态：On(1)和 Off(0)
image	可以使用 GIF 图像，图像的加载方法：img＝PhotoImage(root,file＝filepath)
deselect()	取消选项的方法
select()	选中选项的方法

例 10-6 使用 Radiobutton 控件示例。

```
from tkinter import *

root=Tk()

v=IntVar()
# 列表中存储的元素是元组
language=[('python',0),('C++',1),('C',2),('Java',3)]

# 定义单选按钮的响应函数
def callRB():
    for i in range(4):
        if(v.get()==i):
            root1=Tk()
            Label(root1,text='你的选择是'+language[i][0]+'! ',width=20,height=6).pack()
            Button(root1,text='确定',width=3,height=1,command=root1.destroy).pack(side='bottom')

Label(root,text='选择一门你喜欢的编程语言').pack(anchor=W)

#for 循环创建单选框
for lan,num in language:
    Radiobutton(root,text=lan,value=num,command=callRB,variable=v).pack(anchor=W)

root.mainloop()
```

程序运行结果如图 10-6 所示。

图 10-6 例 10-6 程序运行结果

◆ 10.3.6 Checkbutton 控件

Checkbutton 控件用于创建复选框，用来标识是否选定某个选项。Checkbutton 控件与 Radiobutton 控件的功能类似，但 Radiobutton 控件实现的是单选功能，而 Checkbutton 在选项中可以选择 0 个或多个，实现复选功能。Checkbutton 控件与 Radiobutton 控件的属性和方法也基本相同,如表 10-7 所示。

表 10-7 Checkbutton 控件的常用属性和方法

属性/方法	说明
command	指定 Checkbutton 的事件处理函数
variable	控制变量,跟踪 Checkbutton 的状态:On(1)和 Off(0)
image	可以使用 GIF 图像,图像的加载方法:img=PhotoImage(root,file=filepath)
deselect()	取消选项的方法
select()	选中选项的方法

例 10-7 使用 Checkbutton 控件示例。

```
from tkinter import *
root=Tk()

label1=Label(root,text='Checkbutton TEST')
label1.grid(row=1,column=1,columnspan=2)

choice1=IntVar()
choice1.set(0)
choice2=IntVar()
choice2.set(0)

frame1=Frame(bd=0,relief=RIDGE)
frame1.grid(row=2,column=1)

check1=Checkbutton(frame1,text='粗体',variable=choice1,width=8,pady=10)
check1.grid(row=1,column=1)
check2=Checkbutton(frame1,text='斜体',variable=choice2,width=8)
check2.grid(row=1,column=2)

def changeFont():
    # temp=choice1.get()
    if choice1.get()==1 and choice2.get()==1:
        label1.config(font=('宋体',18,"bold italic"))
    elif choice1.get()==1 and choice2.get()==0:
        label1.config(font=('宋体',18,"bold"))
    elif choice1.get()==0 and choice2.get()==1:
        label1.config(font=('宋体',18,"italic"))
    else:
        label1.config(font=('宋体',18))

check1.config(command=changeFont)
```

Python 10-7

```
check2.config(command=changeFont)

mainloop()
```

程序运行结果如图 10-7 所示。

(a) 初始界面

(b) 选中后界面

图 10-7　例 10-7 程序运行结果

◆ 10.3.7　Text 控件

Text 控件用于显示和处理多行文本。tkinter 的 Text 控件可以实现多种功能，可以显示图片、网页链接、HTML 页面等，还可以用作简单的文本编辑器，甚至是网页浏览器。Text 控件的部分属性与 Label 控件的相同，其他常用属性和方法如表 10-8 所示。

表 10-8　Text 控件的常用属性和方法

属性/方法	说　　明
INSERT	光标所在的插入点，tkinter.INSERT 或字符串"insert"
CURRENT	鼠标当前位置所对应的字符位置，tkinter.INSERT 或字符串"insert"
END	Textbuffer 的最后一个字符，tkinter.END 或字符串"end"
SEL_FIRST	选中文本区域的第一个字符，如果没有选中区域，会引发异常。tkinter.SEL_FIRST 或字符串"sel.first"
SEL_LAST	选中文本区域的最后一个字符，如果没有选中区域，会引发异常。tkinter.SEL_LAST 或字符串"sel.last"
get(index1,index2)	获取 Text 控件的文本，起始处在 index1，终止处在 index2
get(index,text)	在 index 处插入 text 字符
delete(index1,index2)	删除选中的内容

例 10-8　使用 Test 控件设计一个文本编辑器，可实现复制、剪切、粘贴、清除功能。

```
from tkinter import *
root=Tk()

frame1=LabelFrame(relief=GROOVE,text='工具栏:')
frame1.pack(anchor=NW,fill=X)


text1=Text()                                    #定义 Text 控件
text1.pack(expand=YES,fill=BOTH)


def docopy():
```

Python 10-8

```
            data=text1.get(SEL_FIRST,SEL_LAST)          #获得选中内容
            text1.clipboard_clear()                      #清除剪贴板
            text1.clipboard_append(data)                 #将内容写入剪贴板
        def docut():
            data=text1.get(SEL_FIRST,SEL_LAST)
            text1.delete(SEL_FIRST,SEL_LAST)             #删除选中内容
            text1.clipboard_clear()
            text1.clipboard_append(data)
        def dopaste():
            text1.insert(INSERT,text1.clipboard_get())   #插入剪贴板内容
        def doclear():
            text1.delete('1.0',END)                      #删除全部内容

        Button(frame1,text='复制',command=docopy).grid(row=1,column=1)
        Button(frame1,text='剪切',command=docut).grid(row=1,column=2)
        Button(frame1,text='粘贴',command=dopaste).grid(row=1,column=3)
        Button(frame1,text='清除',command=doclear).grid(row=1,column=4)

        mainloop()
```

程序运行结果如图 10-8 所示。

图 10-8　例 10-8 程序运行结果

10.4　tkinter 的布局管理

开发 GUI 程序，需要将控件放入容器中，主窗口就是一种容器，容器中控件的布局是很烦琐的，需要调整控件自身的大小，还要设计和其他控件的相对位置。

实现控件布局的方法被称为布局管理器或几何管理器。tkinter 使用 3 种方法来实现布局：pack()、grid()、place()。此外，Frame(框架)也是一种容器，需要显示在主窗口中。Frame 作为中间层的容器控件，可以分组管理控件，实现复杂的布局。

◆ **10.4.1　pack()方法**

pack()方法是以块的方式布局控件的。按照其内的属性设置，把控件放置在 Frame 控件(窗体)或者窗口内。当设置了 Frame 控件后，就可以把其他控件放入，Frame 中储存控件

的地方叫 parcel 。例 10-1 已经使用了该方法,该方法将控件显示在默认位置,是最简单、直接的用法。

pack()方法的常用参数如表 10-9 所示。

表 10-9　pack()方法的常用参数

参　　数	说　　明
expand	设置控件是否展开,取值为 0,1。当值为 0 时 side 选项无效,参数 fill 用于指明控件的拉伸方向
fill	设置控件是否在水平或垂直方向填充,取值为 X(水平方向),Y(垂直方向),BOTH(水平和竖直方向),NONE(不填充),仅当 expand=1 时有效
side	设置控件的对齐方式,取值为 TOP,BOTTOM,LEFT,RIGHT
anchor	当可用空间大于所需求的尺寸时,决定控件被放置于容器何处,取值为 N,E,S,W,NW,NE,SW,SE,CENTER(默认)
ipadx,ipady	设置控件与窗体边界的距离,默认为 0
padx,pady	设置控件之间的距离,默认为 0

例 10-9　使用 pack()方法示例。

```
import tkinter
root=tkinter.Tk()
#第 1 个窗体
framel=tkinter.Frame(root,relief='raised',borderwidth=4)
framel.pack(side='top',fill='both',ipadx=10,ipady=10,expand=0)
tkinter.Button(framel,text='button 1').pack(side='left',padx=10,pady=10)
tkinter.Button(framel,text='button 2').pack(side='left',padx=10,pady=10)
#第 2 个窗体
framel=tkinter.Frame(root,relief='groove',borderwidth=4)
framel.pack(side='bottom',fill='x',ipadx=10,ipady=10,expand=1)
tkinter.Button(framel,text='button 3').pack(side='left',padx=10,pady=10)
tkinter.Button(framel,text='button 4').pack(side='left',padx=10,pady=10)
#第 3 个窗体
framel=tkinter.Frame(root,relief='ridge',borderwidth=4)
framel.pack(side='right',fill='y',ipadx=10,ipady=10,expand=1)
tkinter.Button(framel,text='button 5').pack(side='left',padx=10,pady=10)
tkinter.Button(framel,text='button 6').pack(side='left',padx=10,pady=10)
#第 4 个窗体
framel=tkinter.Frame(root,relief='ridge',borderwidth=4)
framel.pack(side='right',fill='none',ipadx=10,ipady=10,expand=1)
tkinter.Button(framel,text='button 7').pack(side='left',padx=10,pady=10)
tkinter.Button(framel,text='button 8').pack(side='left',padx=10,pady=10)
#开始窗口的事件循环
root.mainloop()
```

程序运行结果如图 10-9 所示。

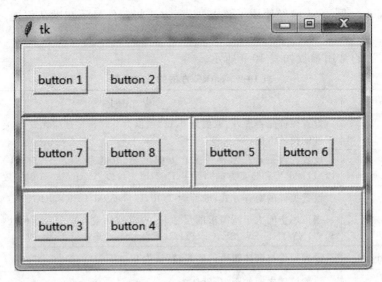

图 10-9　例 10-9 程序运行结果

10.4.2　grid()方法

grid()方法是将控件按照表格的栏列方式来放置在窗体或者窗口内的。grid()方法的常用参数如表 10-10 所示。

表 10-10　grid()方法的常用参数

参　　数	说　　明
column	指定将控件放入哪列。第一列的索引为 0
columnspan	指定控件横跨多少列
row	指定将控件放入哪行。第一行的索引为 0
rowspan	指定控件横跨多少行

例 10-10　使用 grid()方法示例。

```
import tkinter
root=tkinter.Tk()
framel=tkinter.Frame(root,relief='raised',borderwidth=2)
framel.pack(side='top',fill='both',ipadx=5,ipady=5,expand=1)
for i in range(4):
    for j in range(4):
    tkinter.Button(framel,text='('+str(i+1)+','+str(j+1)+')').grid(row=i,column=j)

tkinter.Button(framel,text='BTN1').grid(row=2,column=2)          #挡住了(3,3)
tkinter.Button(framel,text='BTN2').grid(row=3,columnspan=4)      #挡住了(4,2)(4,3)
root.mainloop()
```

程序运行结果如图 10-10 所示。

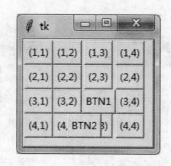

图 10-10　例 10-10 程序运行结果

◆ **10.4.3　place()方法**

place()方法是设置控件在窗体或者窗口中的绝对地址或者相对地址的。place()方法的常用参数如表 10-11 所示。

表 10-11　place()方法的常用参数

参　　数	说　　明
x	指定组件的 X 坐标。x 为 0 代表位于最左边
y	指定组件的 Y 坐标。y 为 0 代表位于最右边
relx	指定组件的 X 坐标,以父容器总宽度为单位 1,该值应该在 0.0~1.0 之间,其中 0.0 代表位于窗口最左边,1.0 代表位于窗口最右边,0.5 代表位于窗口中间
rely	指定组件的 Y 坐标,以父容器总高度为单位 1,该值应该在 0.0~1.0 之间,其中 0.0 代表位于窗口最上边,1.0 代表位于窗口最下边,0.5 代表位于窗口中间
width	指定组件的宽度,以像素为单位
height	指定组件的高度,以像素为单位
relwidth	指定组件的宽度,以父容器总宽度为单位 1,该值应该在 0.0~1.0 之间,其中 1.0 代表整个窗口宽度,0.5 代表窗口的一半宽度
relheight	指定组件的高度,以父容器总高度为单位 1,该值应该在 0.0~1.0 之间,其中 1.0 代表整个窗口高度,0.5 代表窗口的一半高度
bordermode	该属性支持"inside"或"outside"属性值,用于指定当设置组件的宽度、高度时是否计算该组件的边框宽度

例 10-11　使用 place()方法示例。

```
import tkinter
root=tkinter.Tk()
frame1=tkinter.Frame(root,relief='raised',borderwidth=2)
frame1.pack(side='top',fill='both',ipadx=5,ipady=5,expand=1)


BTN=tkinter.Button(frame1,text='BTN')         #设置按钮位置
BTN.place(x=30,y=30,width=50,height=30)
label=tkinter.Label(frame1,text='label')      #设置标签位置
label.place(x=90,y=70,width=50,height=30)
root.mainloop()
```

程序运行结果如图 10-11 所示。

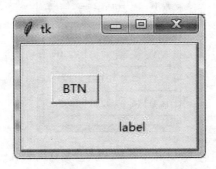

图 10-11　例 10-11 程序运行结果

10.5 应用案例

例 10-12　使用 tkinter 实现用户登录界面。当用户输入用户名 student 和密码 123456 时,点击 Login 按钮,弹出登录成功的对话框,否则弹出登录失败的对话框。

```
import tkinter
import tkinter.messagebox

#创建应用程序窗口
root=tkinter.Tk()
Name=tkinter.StringVar()
Name.set('')
Pwd=tkinter.StringVar()
Pwd.set('')

labelName=tkinter.Label(root,text='用户名:',justify=tkinter.RIGHT,width=80)
labelName.place(x=10,y=5,width=80,height=20)
entryName=tkinter.Entry(root,width=80,textvariable=Name)
entryName.place(x=100,y=5,width=80,height=20)

labelPwd=tkinter.Label(root,text='密码:',justify=tkinter.RIGHT,width=80)
labelPwd.place(x=10,y=30,width=80,height=20)
entryPwd=tkinter.Entry(root,show='* ',width=80,textvariable=Pwd)
entryPwd.place(x=100,y=30,width=80,height=20)

#登录按钮事件处理函数
def login():
    #获取用户名和密码
    name=entryName.get()
    pwd=entryPwd.get()
```

```
        if name=='student' and pwd=='123456':
            tkinter.messagebox.showinfo(title='登录成功',message='登录成功')
        else:
            tkinter.messagebox.showerror('登录失败',message='登录失败')

#创建按钮组件,设置按钮事件处理函数
buttonOk=tkinter.Button(root,text='Login',command=login)
buttonOk.place(x=30,y=70,width=50,height=20)

#取消按钮的事件处理函数
def cancel():
    #清空用户输入的用户名和密码
    Name.set('')
    Pwd.set('')
buttonCancel=tkinter.Button(root,text='Cancel',command=cancel)
buttonCancel.place(x=90,y=70,width=50,height=20)

#启动消息循环
root.mainloop()
```

程序运行结果如图 10-12 所示。

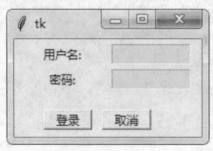  

(a) 登录界面   (b) 登录成功   (c) 登录失败

图 10-12　例 10-12 程序运行结果

例 10-13　使用 tkinter 实现学生信息录入界面。可通过输入学生姓名,选择年级、班级、性别、是否班长等信息,完成学生信息的显示、添加、删除等功能。

```
import tkinter
import tkinter.messagebox
import tkinter.ttk

#创建 tkinter 应用程序
root= tkinter.Tk()
#设置窗口标题
root.title('学生信息录入系统')
```

```python
#定义窗口大小
root['height']=400
root['width']=320
#与姓名关联的变量
varName=tkinter.StringVar()
varName.set('')
#创建标签,然后放到窗口上
labelName=tkinter.Label(root,text='姓名:',justify=tkinter.RIGHT,width=50)
labelName.place(x=10,y=5,width=50,height=20)
#创建文本框,同时设置关联的变量
entryName=tkinter.Entry(root,width=120,textvariable=varName)
entryName.place(x=70,y=5,width=120,height=20)


labelGrade=tkinter.Label(root,text='年级:',justify=tkinter.RIGHT,width=50)
labelGrade.place(x=10,y=40,width=50,height=20)
#模拟学生所在年级,字典键为年级,字典值为班级
studentClasses={'1':['1','2','3','4'],
                '2':['1','2'],
                '3':['1','2','3']}
#学生年级组合框
comboGrade=tkinter.ttk.Combobox(root,width=50,values=tuple(studentClasses.keys()))
comboGrade.place(x=70,y=40,width=50,height=20)
#事件处理函数
def comboChange(event):
    grade=comboGrade.get()
    if grade:
        #动态改变组合框可选项
        comboClass["values"]=studentClasses.get(grade)
    else:
        comboClass.set([])
#绑定组合框事件处理函数
comboGrade.bind('<<ComboboxSelected>>',comboChange)


labelClass=tkinter.Label(root,text='班级:',justify=tkinter.RIGHT,width=50)
labelClass.place(x=130,y=40,width=50,height=20)
#学生年级组合框
comboClass=tkinter.ttk.Combobox(root,width=50)
comboClass.place(x=190,y=40,width=50,height=20)


labelSex=tkinter.Label(root,text='性别:',justify=tkinter.RIGHT,width=50)
labelSex.place(x=10,y=70,width=50,height=20)
```

```python
#与性别关联的变量,1:男;0:女,默认为男
sex=tkinter.IntVar()
sex.set(1)
#单选按钮,男
radioMan=tkinter.Radiobutton(root,variable=sex,value=1,text='男')
radioMan.place(x=70,y=70,width=50,height=20)
#单选按钮,女
radioWoman=tkinter.Radiobutton(root,variable=sex,value=0,text='女')
radioWoman.place(x=130,y=70,width=70,height=20)
#与是否班长关联的变量,默认当前学生不是班长
monitor=tkinter.IntVar()
monitor.set(0)
#复选框,选中时变量值为1,未选中时变量值为0
checkMonitor=tkinter.Checkbutton(root,text='是否为班长？',variable=monitor,
                                 onvalue=1,offvalue=0)
checkMonitor.place(x=20,y=100,width=100,height=20)
#添加按钮单击事件处理函数
def add():
    result=entryName.get()+';'
    result=result+comboGrade.get()+'年级'
    result=result+comboClass.get()+'班;'
    result=result+('男;' if sex.get() else '女;')
    result=result+('是' if monitor.get() else '不是')+ '班长;'
    listboxStudents.insert(0,result)
buttonAdd=tkinter.Button(root,text='添加',width=100,command=add)
buttonAdd.place(x=50,y=130,width=60,height=20)
#删除按钮的事件处理函数
def delete():
    selection=listboxStudents.curselection()
    if not selection:
        tkinter.messagebox.showinfo(title='Information',message='无信息可删除')
    else:
        listboxStudents.delete(selection)
buttonDelete=tkinter.Button(root,text='删除',width=100,command=delete)
buttonDelete.place(x=150,y=130,width=60,height=20)
#创建列表框组件
listboxStudents=tkinter.Listbox(root,width=300)
listboxStudents.place(x=10,y=160,width=300,height=200)

#启动消息循环
root.mainloop()
```

程序运行结果如图 10-13 所示。

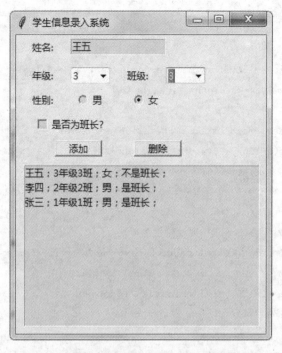

图 10-13　例 10-13 程序运行结果

本章习题

一、选择题

1. 在 tkinter 的布局管理的方法中，可以精确定义组件位置的方法是（　　）。
   A. place()　　　　B. grid()　　　　C. frame()　　　　D. pack()
2. 可以接收单行文本输入的组件是（　　）。
   A. Text　　　　　B. Label　　　　 C. Entry　　　　　D. Listbox
3. （　　）方式最有可能在容器底端依次摆放 3 个组件。
   A. 用 grid() 方法设计布局管理器
   B. 用 pack() 方法设计布局管理器
   C. 用 place() 方法设计布局管理器
   D. 结合 grid() 方法和 pack() 方法设计布局管理器
4. 以下关于设置窗口属性的方法中，（　　）是不正确的。
   A. title()　　　　B. config()　　　　C. eoetry()　　　　D. mainloop()

二、编程题

1. 使用 tkinter 实现两个正整型数最小公倍数程序。要求：两个输入框 txt1、txt2 用来输入整型数据；一个按钮；一个不可编辑的输出组件 txt3。当单击按钮时，在 txt3 中显示两个整型数的最小公倍数的值。
2. 使用 tkinter 实现猜数游戏。
3. 使用 tkinter 实现简单的通信录功能。

第11章 图像与语音处理

11.1 图像处理

PIL(Python Image Library)是 Python 的第三方图像处理库,但是由于其强大的功能与众多的使用人数,几乎已经被认为是 Python 官方图像处理库了。

PIL 历史悠久,原来只支持 Python 2.×的版本,后来出现了移植到 Python 3 的 pillow 库,功能和 PIL 差不多,但是支持 Python 3。

使用时应先导入该库,语法格式如下:

```
from PIL import Image
```

◆ 11.1.1 Image 类

Image 类是 PIL 中的核心类,Image 模块操作的基本方法都包含于此模块内。在 PIL 中,任何一个图像文件都可以用 Image 对象表示。Image 类中常用的方法和属性如表 11-1 所示。

表 11-1 Image 类中常用的方法和属性

方法/属性	功　　能
Image.open(filename)	根据参数加载图像文件
Image.format	标识图像格式,如 JPEG/GIF/BMP/YIFF 等,如果图像不是从文件中读取,值为 None
Image.mode	图像的色彩模式,具体见表 11-2
Image.size	图像的宽度和高度,单位是像素,返回值为二元元组
Image.save(filename,format)	将图像保存为 filename 文件名,format 是图片格式
Image.convert(mode)	使用不同的参数,转换图像为新的模式
Image.resize(size)	按 size 大小调整图像,生成副本
Image.rotate(angle)	按 angle 角度旋转图像,生成副本
Image.crop(left,up,right,below)	裁剪图片时左上右下的距离
Image.paste(image,box)	粘贴 box 大小的 image 到原来的图片对象

表 11-2　图像文件的色彩表示模式 mode

模式	描述
1	1 位像素，表示黑和白，但是存储的时候每个像素存储为 8bit
L	8 位像素，表示黑和白
P	8 位像素，使用调色板映射到其他模式
RGB	3×8 位像素，为真彩色
RGBA	4×8 位像素，有透明通道的真彩色
CMYK	4×8 位像素，颜色分离
YCbCr	3×8 位像素，彩色视频格式
I	32 位整型像素
F	32 位浮点型像素

例 11-1　Image 类的使用。

```
from PIL import Image
im=Image.open("lena.jpg")              #打开图像文件
print("文件类型:"+im.format)            #显示图像文件格式
print("文件模式:"+im.mode)              #显示图像文件模式
print("文件大小:"+str(im.size))         #显示图像文件大小
print("文件信息:"+str(im.info))         #显示图像文件字典集
im.save("ttlena.bmp")                  #保存图像文件
im1=im.resize((500,500))               #改变图像尺寸
im1.show()                             #显示图像文件
im2=im.rotate(90)                      #图像旋转 90 度
im2.show()
box=(50,50,100,100)
region=im.crop(box)                    #裁剪图像
region=region.rotate(180)
im.paste(region,box)                   #粘贴图像
im.show()
```

程序运行结果如图 11-1 所示。

文件类型:JPEG
文件模式:RGB
文件大小:(200,200)
文件字典集:{'jfif': 257,'jfif_version': (1,1),'dpi': (72,72),'jfif_unit': 1,'jfif_density': (72,72)}

(a) 改变尺寸后的图像　　(b) 旋转90度后的图像　　(c) 裁剪后的图像

图 11-1　例 11-1 程序运行结果

11.1.2　ImageFilter 类

在图像处理中，经常需要对图像进行平滑、锐化、边界增强等滤波处理。PIL 图像处理库可以通过 Image 类中的成员函数 filter() 来调用滤波函数对图像进行滤波，而滤波函数则通过 ImageFilter 类来定义。filter() 函数的语法格式如下：

```
Image.filter(filter)
```

其中 filter 的参数指滤波器类型，类型为 ImageFilter，常见取值为 ImageFilter.BLUR 表示模糊滤波，ImageFilter.CONTOUR 表示轮廓滤波，ImageFilter.DETAIL 表示细节滤波，ImageFilter.EDGE_ENHANCE 表示边界增强滤波，ImageFilter.SHARPEN 表示锐化滤波，ImageFilter.GaussianBlur(radius) 表示高斯模糊滤波，radius 指定平滑半径，即模糊的程度，ImageFilter.MedianFilter 表示中值滤波等。

接下来通过例子来演示如何使用 ImageFilter 类。

例 11-2　使用 ImageFilter 类实现模糊滤波处理。

```
from PIL import Image
from PIL import ImageFilter

im=Image.open("lena.jpg")
im.show()
filterimg=im.filter(ImageFilter.BLUR)
filterimg.show()
```

程序运行结果如图 11-2 所示。

(a) 原始图像　　　　　(b) 模糊滤波后的图像

图 11-2　例 11-2 程序运行结果

11.1.3 ImageEnhance 类

PIL 的 ImageEnhance 类专门用于图像增强处理,可以增强(或减弱)图像的亮度、对比度、色度以及锐度。接下来通过例子演示如何使用 ImageEnhance 类。

例 11-3 使用 ImageEnhance 类实现图像增强处理。

```
from PIL import Image
from PIL import ImageEnhance

im=Image.open('lena.jpg')
im1=ImageEnhance.Brightness(im).enhance(3)    #亮度增强
im1.show()
im2=ImageEnhance.Color(im).enhance(2)         #色度增强
im2.show()
im3=ImageEnhance.Contrast(im).enhance(3)      #对比度增强
im3.show()
im4=ImageEnhance.Sharpness(im).enhance(2)     #锐度增强
im4.show()
```

程序运行结果如图 11-3 所示。

(a) 亮度增强后的图像

(b) 色度增强后的图像

(c) 对比度增强后的图像

(d) 锐度增强后的图像

图 11-3 例 11-3 程序运行结果

11.2 语音处理

Python 提供了许多语音处理模块,不仅可以收听 CD,而且还可以读/写各种语音格式的文件,如.wav、.aifc等。Python相关模块主要有winsound、sndhdr、wave、aifc、PyAudio、librosa等。

11.2.1 winsound模块

winsound模块提供Windows操作系统的语音播放接口。winsound是Python的内置模块,无须下载,直接通过import winsound使用。winsound模块包括以下函数。

(1) winsound.Beep(frequency,duration):Beep电脑的扬声器。频率参数frequency指定声音的频率(赫兹),且必须在37到32 767的范围内。持续时间参数指定声音应持续的毫秒数。如果系统不能发出扬声器,则会引发RuntimeError。

(2) winsound.MessageBeep([type=MB_OK]):播放注册表中指定的声音。type参数指定要播放的声音。可能的值包括-1、MB_ICONASTERISK、MB_ICONEXCLAMATION、MB_ICONHAND、MB_ICONQUESTION和MB_OK。值-1产生"simple beep",如果声音无法播放,这是最后的回退。

(3) winsound.PlaySound(sound,flags):声音参数sound可以是文件名,音频数据作为一个字符串或None。它的解释取决于标志flags的值,它可以是下面描述的常量的按位或运算组合。如果声音参数是None,则任何当前正在播放的波形声音都会停止。如果系统显示错误,则引发RuntimeError。flags的取值如下:

- SND_FILENAME:sound是一个.wav文件名。
- SND_ALIAS:sound是一个注册表中指定的别名。
- SND_LOOP:重复播放直到下一次PlaySound;必须指定SND_ASYNC。
- SND_MEMORY:sound是一个.wav文件的内存映像。
- SND_PURGE:停止指定sound的所有实例。
- SND_ASYNC:异步播放声音,声音开始播放后函数立即返回。
- SND_NODEFAULT:找不到sound时不播放默认的beep声音。
- SND_NOSTOP:不打断当前播放中的任何sound。
- SND_NOWAIT:sound驱动忙时立即返回。

11.2.2 wave模块

wave模块提供了一个处理WAV声音格式的便利接口。它不支持压缩/解压,但是支持单声道/立体声。它是Python的内置模块,无须下载,直接通过import wave使用。

具体用法可见官方文档 https://docs.python.org/3/library/wave.html。

11.2.3 PyAudio模块

PyAudio是语音处理的第三方Python库,提供了比较丰富的功能。具体功能可实现:

- 特征提取(feature extraction):关于时域信号和频域信号都有所涉及。
- 分类(classification):监督学习,需要用已有的训练集来进行训练;交叉验证也实现了,可以进行参数优化。分类器可以保存在文件中供以后使用。
- 回归(regression):将语音信号映射到一个回归值。
- 分割(segmentation):可以实现固定大小的分割、静音检测、语音聚类、语音缩略图。

- 可视化：给定语音，将内容可视化。

◆ **11.2.4　librosa 模块**

librosa 是一个用于音频、音乐分析、处理的第三方库，常见的时频处理、特征提取、绘制声音图形等功能应有尽有，功能十分强大。具体功能可实现读取音频、提取特征、提取 Log-Mel Spectrogram 特征、提取 MFCC 特征、绘图显示等。

本章习题

一、编程题

1. 结合 GUI 知识，编写程序，设计一个简易的图片处理器。
2. 结合 GUI 知识，编写程序，设计一个简易的音乐播放器。

第12章 数据库编程

12.1 概述

数据库编程就是针对数据库的操作,通过编写程序的方式,让程序作为数据库的客户端进行数据库操作。Python 标准数据库接口为 Python DB-API,Python DB-API 为开发人员提供了数据库应用编程接口。Python 数据库接口支持非常多的数据库,例如 SQLite、MySQL、Microsoft SQL Server 2000、Informix、Interbase、Oracle、Sybase 等。不同的数据库需要下载不同的 DB-API 模块,例如需要访问 Oracle 数据库和 MySQL 数据库,需要下载 Oracle 和 MySQL 数据库模块。

DB-API 是一个规范。它定义了一系列必需的对象和数据库存取方式,以便为各种各样的底层数据库系统和多种多样的数据库接口程序提供一致的访问接口。Python 的 DB-API 为大多数的数据库实现了接口,使用它连接各数据库后,就可以用相同的方式操作各数据库。使用 Python DB-API 的一般流程如下:

(1) 引入 DB-API 模块。
(2) 获取与数据库的连接。
(3) 执行 SQL 语句和存储过程。
(4) 关闭数据库连接。

12.2 SQLite 编程

SQLite 是内嵌在 Python 中的轻量级、基于磁盘文件的数据库管理系统,不需要服务器进程,可直接在本地运行。该数据库使用 C 语言开发,支持大多数 SQL91 标准,支持原子的、一致的、独立和持久的事务,不支持外键限制;通过数据库级的独占性和共享锁定来实现独立事务,当多个线程和进程同一时间访问同一数据库时,只有一个可以写入数据。

在 Python 3 版本中,SQLite 已经被包装成标准库 pySQLite,可以将 SQLite 作为一个模块导入,模块的名称为 sqlite3。访问 SQLite 数据库的主要步骤如下:

1) 导入 sqlite3 模块

Python 的标准库内置 sqlite3 模块,可直接使用 import 命令导入模块。

```
import sqlite3    #导入模块
```

2）建立数据库连接的 Connection 对象

使用 sqlite3 模块的 connect() 函数可以建立数据库连接，返回 sqlite3.Connection 的连接对象。

```
conn=sqlite3.connect('example.db')      #连接数据库
```

在连接数据库的代码中，如果数据库对象 example.db 存在，则打开数据库；否则在该路径下创建 example.db 数据库并打开。

3）创建 Cursor 对象

Cursor(游标)对象是行的集合，使用游标对象能够灵活地操纵表中检索出的数据。游标实际上是一种能够从包括多条数据记录的结果集中每次提取一条记录的机制。

```
cur=conn.cursor()      #创建 Cursor 对象
```

4）使用 Cursor 对象的 execute() 方法来执行 SQL 语句返回结果集

Cursor 对象的 execute()、executemany()、executescript() 等方法可以用来操作或者查询数据库，操作分为以下 4 种类型：

- cur.execute(sql)：执行 SQL 语句。
- cur.execute(sql,parameters)：执行带参数的 SQL 语句。
- cur.executemany(sql,seg_of_parameters)：根据参数重复执行多次 SQL 语句。
- cur.executescript(sql_script)：执行 SQL 脚本。

例如，创建一张包含 3 个字段 no(主键)、name、age 的表 stu，代码如下：

```
cur.execute('''CREATE TABLE stu (no int primarykey,name varchar(12),age integer(2) ''')
```

插入一条记录：

```
cur.execute("INSERT INTO stu VALUES ('14001','JIM',23)")
```

在 SQL 语句中可以使用占位符"?"表示参数，传递的参数使用元组。例如下面的代码：

```
cur.execute("INSERT INTO stu VALUES (?,?,?)","('14002','Jack',22)")
```

5）获取 Cursor 对象的查询结果集

Cursor 对象的 fetchone()、fetchall()、fetchmany() 等方法返回查询结果。

- cur.fetchone()：返回结果集的一行(Row 对象)，无数据时，返回 None。
- cur.fetchall()：返回结果集的所有行(Row 对象列表)，无数据时，返回空 List。
- cur.fetchmany()：返回结果集的多行(Row 对象列表)，无数据时，返回空 List。

6）数据库的提交和回滚

根据数据库事务隔离级别的不同，可以提交或回滚事务。

- conn.commit()：事务提交。
- conn.rollback()：事务回滚。

7）关闭 Cursor 对象和 Connection 对象

最后，需要关闭 Cursor 对象和 Connection 对象。

- cur.close()：关闭 Cursor 对象。
- conn.close()：关闭 Connection 对象。

例 12-1　使用 sqlite3 模块创建表 stu，插入记录并显示。

```
import sqlite3      #导入模块
conn=sqlite3.connect('example.db')      #连接数据库
```

```
cur=conn.cursor()                                    #创建 Cursor 对象
cur.execute("CREATE TABLE stu (no int primary key,namevarchar(12),age integer(2) )")
cur.execute("INSERT INTO stu VALUES (1400','Jim',23)")         #插入记录
cur.execute("INSERT INTO stu VALUES (?,?,?)",(14002,'Jack',22))  #插入记录
cur.execute("select* from stu")            #查询结果集
print(cur.fetchone())                      #显示第一行
print(cur.fetchone())                      #再使用,显示第二行
print(cur.fetchone())                      #再使用,没有记录可显示
cur.execute("select* from stu")
print(cur.fetchall())                      #显示所有行
for row in cur.execute("select* from stu"):
    print(row[0],row[1])                   #显示每行第一个字段和第三个字段
conn.commit()                              #事务提交
cur.close()                                #关闭 Cursor 对象
conn.close()                               #关闭 Connection 对象
```

程序运行结果如下：

```
(14001,'Jim',23)
(14002,'Jack',22)
None
[(14001,'Jim',23),(14002,'Jack',22)]
14001 JIM
14002 Jack
```

12.3 MySQL 编程

MySQL 是最流行的关系型数据库管理系统，在 Web 应用方面 MySQL 是最好的 RDBMS(relational database management system：关系数据库管理系统)应用软件之一。本节介绍使用 mysql-connector 来连接使用 MySQL，mysql-connector 是 MySQL 官方提供的驱动器。

◆ 12.3.1 安装 mysql-connector

使用 pip 命令来安装 mysql-connector：

```
python-m pip install mysql-connector
```

使用以下代码测试 mysql-connector 是否安装成功：

```
import mysql.connector
```

执行以上代码，如果没有产生错误，表明安装成功。

◆ 12.3.2 创建 MySQL 数据库连接

连接数据库代码如下：

```
import mysql.connector
mydb=mysql.connector.connect(
    host="localhost",        #数据库主机地址
    user="root",             #数据库用户名
    passwd="123456"          #数据库密码
)
print(mydb)
```

◆ **12.3.3 创建数据库**

创建数据库使用"CREATE DATABASE"语句。例如,创建一个名为 python_db 的数据库:

```
import mysql.connector
mydb=mysql.connector.connect(
  host="localhost",
  user="root",
  passwd="123456"
)
mycursor=mydb.cursor()
mycursor.execute("CREATE DATABASE python_db")
```

创建数据库前也可以使用"SHOW DATABASES"语句来查看数据库是否存在:

```
import mysql.connector
mydb=mysql.connector.connect(
  host="localhost",
  user="root",
  passwd="123456"
)
mycursor=mydb.cursor()
mycursor.execute("SHOW DATABASES")
for x inmycursor:
    print(x)
```

也可以直接连接数据库,如果数据库不存在,会输出错误信息:

```
import mysql.connector
mydb=mysql.connector.connect(
  host="localhost",
  user="root",
  passwd="123456",
  database="python_db"
)
```

◆ **12.3.4 创建数据表**

创建数据表使用"CREATE TABLE"语句,创建数据表前,需要确保数据库已存在。以下创建一个名为 user 的数据表:

```
import mysql.connector
mydb=mysql.connector.connect(
    host="localhost",
    user="root",
    passwd="123456",
    database="python_db"
)
mycursor=mydb.cursor()
mycursor.execute("CREATE TABLE user (id int auto_increment PRIMARY KEY,name varchar(255),pwd varchar(255))")
```

- **12.3.5 插入数据**

    插入数据使用 INSERT INTO 语句。

    (1) 插入一条记录：

```
import mysql.connector
mydb=mysql.connector.connect(
    host="localhost",
    user="root",
    passwd="123456",
    database="python_db"
)
sql="INSERT INTO tb_user(name,pwd) values(% s,% s)"
val=("admin","123456")
mycursor.execute(sql,val)
mydb.commit()             #数据表内容更新,必须使用到该语句
```

   (2) 批量插入。

   批量插入使用 executemany()方法,该方法的第二个参数是一个元组列表,包含了要插入的数据。

```
val=[
('hehe','123456'),
('hihi','123456')
]
mycursor.executemany(sql,val)
mydb.commit()             #数据表内容更新,必须使用到该语句
```

- **12.3.6 查询数据**

    查询数据使用 SELECT 语句,选择结果集记录数量可借助 fetchone()、fetchall()、roecount()方法。

    (1) 查询所有数据：

```
import mysql.connector
mydb=mysql.connector.connect(
    host="localhost",
```

```
  user="root",
  passwd="123456",
  database="python_db"
)
mycursor=mydb.cursor()
mycursor.execute("SELECT * FROM user")
myresult=mycursor.fetchall()    #获取所有记录
for x inmyresult:
print(x)
```

（2）只想读取一条数据，可以使用 fetchone()方法：

```
import mysql.connector
mydb=mysql.connector.connect(
  host="localhost",
  user="root",
  passwd="123456",
  database="python_db"
)
mycursor=mydb.cursor()
mycursor.execute("SELECT * FROM user")
myresult=mycursor.fetchone()
print(myresult)
```

◆ 12.3.7 更新数据

数据表更新使用 UPDATE 语句。将 name 为 Zhangsan 的字段数据改为 Zs：

```
import mysql.connector
mydb=mysql.connector.connect(
  host="localhost",
  user="root",
  passwd="123456",
  database="python_db"
)
mycursor=mydb.cursor()
sql="UPDATE user SET name='Zs' WHERE name='Zhangsan'"
mycursor.execute(sql)
mydb.commit()
```

◆ 12.3.8 删除数据

删除数据使用 DELETE FROM 语句。

```
import mysql.connector
mydb=mysql.connector.connect(
  host="localhost",
  user="root",
```

```
    passwd="123456",
    database="python_db"
)
mycursor=mydb.cursor()
sql="DELETE FROM tb_user where name='admin'"
mycursor.execute(sql)
mydb.commit()
```

◆ 12.3.9　删除表

删除表使用 DROP TABLE 语句，IF EXISTS 关键字用于判断表是否存在，只有在存在的情况下才删除：

```
import mysql.connector
mydb=mysql.connector.connect(
    host="localhost",
    user="root",
    passwd="123456",
    database="python_db"
)
mycursor=mydb.cursor()
sql="DROP TABLE IF EXISTS user"    #删除数据表
mycursor.execute(sql)
mydb.commit()
```

12.4　应用案例

例 12-2　模拟用户登录界面，用户输入用户名和密码，如果正确提示登录成功，否则提示登录失败。（用户名和密码存储在 SQLite 数据库中。）

```
import tkinter
import tkinter.messagebox
import sqlite3

#创建 test 数据库和 user 表，用来存储用户名和密码
conn=sqlite3.connect('test.db')
cur=conn.cursor()        #创建 Cursor 对象
conn.execute('''CREATE TABLE user(ID INT PRIMARY KEY   NOT
NULL,username CHAR(50) NOT NULL,pwd   CHAR(50))''')
cur.execute("INSERT INTO user   VALUES (1,'JIM','123')")   #插入记录
conn.commit()        #事务提交
cur.close()          #关闭 Cursor 对象
conn.close()         #关闭 Connection 对象

root=tkinter.Tk()
```

Python 12-2

```python
varName=tkinter.StringVar()
varName.set('')
varPwd=tkinter.StringVar()
varPwd.set('')

labelName=tkinter.Label(text='User Name:',justify=tkinter.RIGHT,width=80)
labelName.place(x=14,y=5,width=80,height=20)

entryName=tkinter.Entry(root,width=80,textvariable=varName)
entryName.place(x=140,y=5,width=80,height=20)
labelPwd=tkinter.Label(root,text='User Pwd:',justify=tkinter.RIGHT,width=80)
labelPwd.place(x=14,y=30,width=80,height=20)
entryPwd=tkinter.Entry(root,show='*',width=80,textvariable=varPwd)
entryPwd.place(x=140,y=30,width=80,height=20)

def getConnection():
    dbstring="test.db"
    conn=sqlite3.connect(dbstring)
    return conn
#print(getConnection())

def login():
    name=entryName.get()
    pwd=entryPwd.get()
    dbinfo=getConection()
    cur=dbinfo.cursor()
    sqlstr="select*from user where username=? and pwd=?"
    cur.execute(sqlstr,(name,pwd))
    if cur.fetchone() !=None:
        tkinter.messagebox.showinfo(title='Python tkinter',message='OK')
    else:
        tkinter.messagebox.showerror('Python tkinter',message='Error')

def cancel():
    varName.set('')
    varPwd.set('')

buttonOk=tkinter.Button(root,text='Login',command=login)
buttonOk.place(x=30,y=70,width=50,height=20)
buttonCancel=tkinter.Button(root,text='Reset',command=cancel)
buttonCancel.place(x=90,y=70,width=50,height=20)

root.mainloop()
```

程序运行结果如图 12-1 所示。

图 12-1　例 12-2 程序运行结果

例 12-3　设计一个简单的通信录管理系统,所有信息保存至 sqlite3 数据库。

```
import sqlite3
import tkinter
import tkinter.ttk
import tkinter.messagebox

def doSql(sql):
    '''用来执行 SQL 语句,尤其是 INSERT 和 DELETE 语句'''
    conn=sqlite3.connect('data.db')
    cur=conn.cursor()
    cur.execute(sql)
    conn.commit()
    conn.close()

sql='CREATE TABLE addressList(id int primary key,name varchar(12),sex varchar(2) ,
age integer(2) ,departmentvarchar(12),telephone integer(11) ,qq integer(11) )'
doSql(sql)    #创建表

#创建 tkinter 应用程序窗口
root=tkinter.Tk()
root.geometry('500x500+ 400+ 300')
root.resizable(False,False)    #不允许改变窗口大小
root.title('通信录管理系统')

#在窗口上放置标签组件和用于输入姓名的文本框组件
lbName=tkinter.Label(root,text='姓名:')
lbName.place(x=10,y=10,width=40,height=20)
entryName=tkinter.Entry(root)
entryName.place(x=60,y=10,width=150,height=20)

#在窗口上放置标签组件和用于选择性别的组合框组件
lbSex=tkinter.Label(root,text='性别:')
lbSex.place(x=220,y=10,width=40,height=20)
```

```python
comboSex=tkinter.ttk.Combobox(root,values=('男','女'))
comboSex.place(x=270,y=10,width=150,height=20)

#在窗口上放置标签组件和用于输入年龄的文本框组件
lbAge=tkinter.Label(root,text='年龄:')
lbAge.place(x=10,y=50,width=40,height=20)
entryAge=tkinter.Entry(root)
entryAge.place(x=60,y=50,width=150,height=20)

#在窗口上放置标签组件和用于输入部门的文本框组件
lbDepartment=tkinter.Label(root,text='部门:')
lbDepartment.place(x=220,y=50,width=40,height=20)
entryDepartment=tkinter.Entry(root)
entryDepartment.place(x=270,y=50,width=150,height=20)

#在窗口上放置标签组件和用于输入电话号码的文本框组件
lbTelephone=tkinter.Label(root,text='电话:')
lbTelephone.place(x=10,y=90,width=40,height=20)
entryTelephone=tkinter.Entry(root)
entryTelephone.place(x=60,y=90,width=150,height=20)

#在窗口上放置标签组件和用于输入QQ号码的文本框组件
lbQQ=tkinter.Label(root,text='QQ:')
lbQQ.place(x=220,y=90,width=40,height=20)
entryQQ=tkinter.Entry(root)
entryQQ.place(x=270,y=90,width=150,height=20)

#在窗口上放置用来显示通信录信息的表格,使用Treeview组件实现
frame=tkinter.Frame(root)
frame.place(x=0,y=180,width=480,height=280)
#滚动条
scrollBar=tkinter.Scrollbar(frame)
scrollBar.pack(side=tkinter.RIGHT,fill=tkinter.Y)
#Treeview组件
treeAddressList=tkinter.ttk.Treeview(frame,columns=('c1','c2','c3','c4','c5','c6'),
show="headings",yscrollcommand=scrollBar.set)
treeAddressList.column('c1',width=70,anchor='center')
treeAddressList.column('c2',width=40,anchor='center')
treeAddressList.column('c3',width=40,anchor='center')
treeAddressList.column('c4',width=120,anchor='center')
treeAddressList.column('c5',width=100,anchor='center')
treeAddressList.column('c6',width=90,anchor='center')
treeAddressList.heading('c1',text='姓名')
```

```python
treeAddressList.heading('c2',text='性别')
treeAddressList.heading('c3',text='年龄')
treeAddressList.heading('c4',text='部门')
treeAddressList.heading('c5',text='电话')
treeAddressList.heading('c6',text='QQ')
treeAddressList.pack(side=tkinter.LEFT,fill=tkinter.Y)
#Treeview组件与垂直滚动条结合
scrollBar.config(command=treeAddressList.yview)

#将数据库里的记录显示在控件中
def bindData():
    #删除表格中原来的所有行
    for row intreeAddressList.get_children():
        treeAddressList.delete(row)
    #读取数据
    conn=sqlite3.connect('data.db')
    cur=conn.cursor()
    cur.execute('SELECT *  FROMaddressList ORDER BY id ASC')
    temp=cur.fetchall()
    conn.close()
    #把数据插入表格
    for i,item in enumerate(temp):
        treeAddressList.insert('',i,values=item[1:])

#调用函数,把数据库中的记录显示到表格中
bindData()

nameToDelete=tkinter.StringVar('')
#定义Treeview组件的左键单击事件,并绑定到Treeview组件上
#单击鼠标左键,设置变量nameToDelete的值,然后可以使用"删除"按钮来删除
def treeviewClick(event):
    if nottreeAddressList.selection():
        return
    item=treeAddressList.selection()[0]
    nameToDelete.set(treeAddressList.item(item,'values')[0])

treeAddressList.bind('< Button- 1> ',treeviewClick)

#在窗口上放置用于添加通信录的按钮,并设置按钮单击事件函数
def buttonAddClick():
    #检查姓名
    name=entryName.get().strip()
    if name=='':
```

```
        tkinter.messagebox.showerror(title='很抱歉',message='必须输入姓名')
        return
#姓名不能重复
conn=sqlite3.connect('data.db')
cur=conn.cursor()
cur.execute('SELECT COUNT(id) fromaddressList where name="'+ name+ '"')
c=cur.fetchone()[0]
conn.close()
if c ! =0:
        tkinter.messagebox.showerror(title='很抱歉',message='姓名不能重复')
        return
#获取选择的性别
sex=comboSex.get()
#检查年龄
age=entryAge.get().strip()
if not age.isdigit():
        tkinter.messagebox.showerror(title='很抱歉',message='年龄必须为数字')
        return
if not 1< int(age)< 100:
        tkinter.messagebox.showerror(title='很抱歉',message='年龄必须在1到100
间')
        return
#检查部门
department=entryDepartment.get().strip()
if department=='':
        tkinter.messagebox.showerror(title='很抱歉',message='必须输入部门')
        return
#检查电话号码
telephone=entryTelephone.get().strip()
if telephone=='' or (not telephone.isdigit()):
        tkinter.messagebox.showerror(title='很抱歉',message='电话号码必须是数字')
        return
#检查QQ号码
qq=entryQQ.get().strip()
if qq=='' or (not qq.isdigit()):
        tkinter.messagebox.showerror(title='很抱歉',message='QQ号码必须是数字')
        return
#所有输入都通过检查,插入数据库
sql='INSERT INTO addressList(name,sex,age,department,telephone,qq) VALUES("'
sql + =name+ '","'+ sex+ '",'+ age+ ',"'+ department+ '","'
sql + =telephone+ '","'+ qq+ '")'
doSql(sql)
#添加记录后,更新表格中的数据
```

```
bindData()
buttonAdd=tkinter.Button(root,text='添加',command=buttonAddClick)
buttonAdd.place(x=120,y=140,width=80,height=20)


#在窗口上放置用于删除通信录的按钮,并设置按钮单击事件函数
def buttonDeleteClick():
    name= nameToDelete.get()
    if name= = '':
        tkinter.messagebox.showerror(title= '很抱歉',message= '请选择一条记录')
        return
    #如果已经选择了一条通信录,执行 SQL 语句将其删除
    sql= 'DELETE FROM addressList where name= "'+ name+ '"'
    doSql(sql)
    tkinter.messagebox.showinfo('恭喜','删除成功')
    #重新设置变量为空字符串
    nameToDelete.set('')
    #更新表格中的数据
    bindData()
uttonDelete= tkinter.Button(root,text= '删除',command= buttonDeleteClick)
buttonDelete.place(x= 240,y= 140,width= 80,height= 20)

root.mainloop()
```

程序运行结果如图 12-2 所示。

图 12-2　例 12-3 程序运行结果

本章习题

一、选择题

1. 在 Python 中连接 SQLite 的 test 数据库，正确的代码是（　　）。
   A. conn＝sqlite3.connect("e:\db\test")
   B. conn＝sqlite3.connect("e:/db/test")
   C. conn＝sqlite3.Connect("e:\db\test")
   D. conn＝sqlite3.Connect("e:/db/test")

2. 已知 Cursor 对象 cur，使用 Cursor 对象的 execute() 方法可返回结果集，下列命令中不正确的是（　　）。
   A. cur.execute()
   B. cur.executeQuery()
   C. cur.executemany()
   D. cur.executescript()

二、简答题

1. 简单介绍使用 Python 操作 SQLite 数据库的步骤。
2. 游标对象的 fetchone()、fetchall()、fetchmany() 方法有什么区别？

三、编程题

使用 SQLite 数据库设计一个学生信息管理系统。

第13章 网页爬虫编程

13.1 基础知识

学习网页爬虫编程需要先了解浏览器与 Web 服务器之间通信的协议及其工作过程,下面进行介绍。

1. HTTP 协议及其工作过程

用户浏览网页的过程是客户端与 Web 服务器请求应答的过程。客户端通过浏览器向 Web 服务器发出请求,访问服务器上的数据,服务器根据请求返回数据。浏览器与服务器之间通信的基础是 HTTP 协议。这个协议是 Web 服务器与浏览器间传输文件的协议,但该协议限制服务器推送消息给客户端。HTTP 协议是一个无状态的协议,同一个客户端的一次请求和上次请求没有对应关系。

客户端通过浏览器与 Web 服务器之间的一次 HTTP 操作称为一个事务,工作过程如下:

(1) 客户端与服务器建立连接。例如,在浏览器的地址栏中输入一个网址后,发出请求,HTTP 的工作就开始。

(2) 服务器接到请求后,返回响应信息,其格式为一个状态行,包括信息的协议版本号、一个成功或错误的代码等。

(3) 客户端接收服务器所返回的信息,浏览器解析并显示网页。

(4) 客户端与服务器断开连接。

如果在以上某个步骤出现错误,产生错误的信息将返回到客户端。对于用户来说,上述过程均由 HTTP 自己完成,用户只需等待信息显示即可。

2. 网络爬虫

网络爬虫也称网络蜘蛛(WebSpider)。如果把互联网看成一个蜘蛛网,Web Spider 就是一只网上的蜘蛛,它的任务就是将互联网的信息下载到本地。

Web 服务器(也称 Web 站点)上的信息资源在网上都有唯一的地址,该地址称为 URL (统一资源定位系统)地址。URL 地址由三部分组成,其格式如下:

```
protocol://hostname[:port]/path
```

其中:protocol 是网络协议,例如访问网页使用的是 HTTP 协议;hostname [:port]中 hostname 表示主机名,端口号 port 为可选参数,例如百度的主机名就是 www.baidu.com,这就是服务器的地址,其默认端口号是 80;path 表示文件资源的具体地址,如文件路径和文件名等。

网络爬虫就是根据 URL 来获取网页信息的。网络爬虫的具体工作过程分为三个步骤:

(1) 连接网络并获取网页内容;

(2) 对获得的网页内容进行处理解析;

(3) 将提取的内容进行存储,可保存为 TXT 文件或 JSON 文本,也可保存在数据库中。

13.2 网页爬取

Python 提供了 urllib、requests 等库实现网络爬虫的爬取功能。Python 2 提供 urllib2 和 urllib3 两个库,Python 3 将其统一为 urllib,其官方文档链接为:https://docs.python.org/3/library/urllib.html。下面主要介绍 requests 库。

13.2.1 requests 库概述

requests 库是一个常用于 HTTP 请求的第三方库,建立在 Python 的 urllib3 库基础上,是对 urllib3 库的再封装。requests 库包括 URL 获取、HTTP 长连接和连接缓存、自动内容解码、文件分块上传、连接超时处理、流数据下载等功能。有关 requests 库更详细的介绍请访问 http://docs.python-requests.org/zh_CN/latest/user/quickstart.html。

13.2.2 requests 库的使用

调用 requests 库之前先安装,再使用 import 命令导入:

```
import requests
```

网络爬虫和信息提交是 requests 库能支持的基本功能。下面重点介绍与这个功能相关的 requests.get() 方法,该方法的使用格式如下:

```
res= requests.get(url[,timeout= n])
```

该函数返回的网页内容会保存为一个 Response 对象。参数 url 必须采用 HTTP 或 HTTPS 方式访问,可选参数 timeout 用于设定每次请求超时时间。

下面的代码测试 requests.get() 方法的返回值类型:

```
import requests
r=requests.get("http://www.baidu.com")
print(type(r))
```

程序输出如下:

```
<class 'requests.models.Response'>
```

从爬取网页角度看,只需掌握 get() 方法即可获取网页。和浏览器的交互过程一样,requests.get() 代表请求过程,它返回的 Response 对象代表响应。返回内容作为一个对象更便于操作。Response 对象的主要属性如下:

- statuscode:返回 HTTP 请求的状态,200 表示连接成功,404 表示失败。
- text:HTTP 响应内容的字符串形式,即 url 对应的页面内容。

- encoding：HTTP 响应内容的编码方式。
- content：HTTP 响应内容的二进制形式。

statuscode 属性返回 HTTP 请求的状态，表示请求成功或失败，在处理数据之前应该先判断状态情况，如果请求未被相应，需要中止内容处理；text 属性是请求内容的字符串形式，即 url 对应的页面内容；encoding 属性是返回页面内容的编码方式，可以通过重新赋值，更改编码方式，以便处理中文字符；content 属性是页面内容的二进制形式。

除了属性，Response 对象还提供了两个方法：
- json()：如果 HTTP 响应内容包含 JSON 格式数据，则该方法解析 JSON 数据。
- raise_for_status()：如果 status_code 值不是 200，则产生异常。

json()方法能够在 HTTP 响应内容中解析存在的 JSON 数据，这将带来解析 HTTP 的便利。raise_for_status()方法能产生非成功响应异常，即只要返回的请求状态不是 200，这个方法会产生一个异常，多用于 try…except 语句。使用异常处理语句可以避免设置一堆复杂的 if 语句，只需要在收到响应时调用这个方法，就可以避开状态字 200 以外的各种意外情况。

requests 会产生几种异常，具体如表 13-1 所示。

表 13-1 requests 库产生的异常类型

异 常	说 明
requests.ConnectionError	网络连接错误异常，如 DNS 查询失败、拒绝连接等
requests.HTTPError	HTTP 错误异常
requests.URLRequired	URL 缺失异常
requests.TooManyRedirects	超过最大重定向次数，产生重定向异常
requests.ConnectTimeout	连接远程服务器超时异常
requests.Timeout	请求 URL 超时，产生超时异常

接下来，通过例子演示如何使用 requests 爬取网页数据。

例 13-1 获取百度网页的内容。

```
import requests
url="http://www.baidu.com"
try:
    r=requests.get(url,timeout=30)          #请求超时时间为 30 秒
    r.raise_for_status()                    #如果状态不是 200，则引发异常
    r.encoding="utf-8"                      #配置编码
    print(r.text)
except:
    print("产生异常")
```

程序运行结果如图 13-1 所示。

图 13-1　例 13-1 程序运行结果

13.3　网页解析

对于爬取的信息，一般可使用正则表达式及 html. parser（内置）、beautifulsoup4（第三方库）、lxml（第三方库）等库进行信息的提取。使用正则表达式比较直观，可将网页转成字符串通过模糊匹配的方式来提取有价值的信息，但是当文档比较复杂的时候，使用该方法提取数据就会非常困难。html. parser、beautifulsoup4、lxml 都是以 DOM 树方式进行解析的，更适合处理层级比较明显的数据。官方推荐使用 beautifulsoup4 进行开发，下面主要介绍 beautifulsoup4 库的使用。

◆ 13.3.1　beautifulsoup4 库概述

beautifulsoup4 库也称为 bs4 库或 BeautifulSoup 库，是用于网页解析的第三方库。它最大的特点是能根据 HTML 或 XML 语法建立解析树，进而高效解析其内容。

调用 beautifulsoup4 库之前先使用 pip 命令安装，启动 cmd 命令行，输入命令，代码如下：

```
pip install beautifulsoup4
```

beautifulsoup4 中最重要的类是 BeautifulSoup，在程序中引入该类，代码如下：

```
from bs4 import BeautifulSoup
```

有关 beautifulsoup4 库的更多介绍可以参考文档 https://www. crummy. com/

software/BeautifulSoup/bs4/doc/index.zh.html。

◆ **13.3.2 beautifulsoup4 库的对象**

HTML 建立的 Web 页面包括大量页面格式元素，直接解析网页需要深入了解 HTML 语法。

BeautifulSoup 将 HTML 文档转换成一个树形结构(HTML DOM)，它包含 HTML 页面中的每一个标签元素，具体来说，HTML 中的主要结构都变成了 BeautifulSoup 对象的一个属性，可以通过＜a＞.＜b＞的方式获得，其中＜b＞的名字采用 HTML 中的标签名字。标签元素可以归纳为 4 种类型：Tag、NavigableString、BeautifulSoup、Comment。

下面是一段 HTML 代码：

```
html_doc="""
<html><head><title>The Dormouse's story</title></head>
<body>
<p class="title"><b> The Dormouse's story</b></p>

<p class="story"> Once upon a time there were three little sisters; and their names were
<a href="http://example.com/elsie" class="sister" id="link1"> Elsie</a>,
<a href="http://example.com/lacie" class="sister" id="link2"> Lacie</a> and
<a href="http://example.com/tillie" class="sister" id="link3"> Tillie</a>;
and they lived at the bottom of a well.</p>


<p class="story">…</p>
"""
```

使用 BeautifulSoup 解析这段代码，能够得到一个 BeautifulSoup 的对象，并能按照标准的缩进格式输出，但是注意，它查找的是所有内容中第一个符合要求的标签。如果要查询所有的标签，后面进行介绍。

```
from bs4 import BeautifulSoup
soup=BeautifulSoup(html_doc)
print (soup.title)
#<title>The Dormouse's story</title>
print (soup.head)
#<head><title>The Dormouse's story</title></head>
print (soup.a)
#<a class="sister"href="http://example.com/elsie" id="link1"><!--Elsie--></a>
print(soup.p)
#<p class="title" name="dromouse"><b>The Dormouse's story</b></p>
print(type(soup.p))
#<class 'bs4.element.Tag'>
```

1. Tag 对象

Tag 对象与 XML 或 HTML 原生文档中的 Tag 相同：

```
soup=BeautifulSoup('<b class="boldest">Extremely bold</b>')
```

```
tag=soup.b
print(type(tag))
#<class 'bs4.element.Tag'>
```

Tag 有很多方法和属性,现在介绍 Tag 中非常重要的属性:name 和 attributes。

1) name

每个 Tag 都有自己的名字,标签尖括号中的名字就是 name,通过.name 来获取:

```
print(tag.name)
#u'b'
```

如果改变了 Tag 的 name,那将影响所有通过当前 BeautifulSoup 对象生成的 HTML 文档:

```
tag.name="blockquote"
print(tag)
#<blockquote class="boldest">Extremely bold</blockquote>
```

2) attributes

一个 Tag 可能有很多个属性。标签尖括号中的其他内容就是 attrs,例如Tag<b class="boldest">有一个"class"的属性,值为"boldest"。Tag 的属性的操作方法与字典的相同:

```
print(tag['class'])
#u'boldest'
```

也可以直接"点"取属性,比如.attrs:

```
print(tag.attrs)
#{u'class': u'boldest'}
```

Tag 的属性可以被添加、删除或修改:

```
tag['class']='verybold'
tag['id']=1
print(tag)
#<blockquote class="verybold" id="1"> Extremely bold</blockquote>
del tag['class']
del tag['id']
Tag#<blockquote>Extremely bold</blockquote>
print(tag['class'])
#KeyError: 'class'
print(tag.get('class'))
#None
```

2. NavigableString 对象

字符串常被包含在 Tag 内,BeautifulSoup 用 NavigableString 类来包装 Tag 中的字符串,Tag 的 string 属性返回 Navigablestring 对象。

```
print(tag.string)
#u'Extremely bold'
print(type(tag.string))
#<class 'bs4.element.NavigableString'>
```

3. BeautifulSoup 对象

BeautifulSoup 对象表示的是一个文档的全部内容。大部分时候可以把它当作 Tag 对象。因为 BeautifulSoup 对象并不是真正的 HTML 或 XML 的 Tag，所以它没有 name 和 attributes 属性。但有时查看它的 .name 属性是很方便的，BeautifulSoup 对象包含了一个值为"[document]"的特殊属性 .name。

```
print(soup.name)
#u'[document]'
```

4. Comment 对象

Comment 对象是一个特殊类型的 NavigableString 对象，它的内容不包括注释符号。

```
markup="<b><!--Hey,buddy.Want to buy a used parser?--></b> "
soup=BeautifulSoup(markup)
comment=soup.b.string
print(type(comment))
#<class 'bs4.element.Comment'>
```

13.3.3 beautifulsoup4 库解析文档树

1. 遍历文档树

下面结合 Tag 标签，介绍遍历文档树的常见方法和属性。

1）获取直接子节点

contents 属性和 children 属性可以获取 Tag 的直接子节点。

Tag 的 contents 属性可以将直接子节点以列表的方式输出，并用列表索引来获取它的某一个元素。

```
print(soup.head.contents)
#[<title> The Dormouse's story</title> ]
print(soup.head.contents )
#[<title>The Dormouse's story</title> ]
```

children 属性返回的不是一个列表，它是一个列表生成器对象，但是可以通过遍历获取所有子节点。

```
print(soup.head.children)
#<listiterator object at 0x7f71357f5710>
for child in  soup.body.children:
    print(child)
```

结果：

```
<p class="title" name="dromouse"><b>The Dormouse's story</b></p>

<p class="story">Once upon a time there were three little sisters; and their names were
<a class="sister"href="http://example.com/elsie" id="link1"><!--Elsie--></a>,
<a class="sister"href="http://example.com/lacie" id="link2">Lacie</a> and
<a class="sister"href="http://example.com/tillie" id="link3">Tillie</a>;
and they lived at the bottom of a well.</p>

<p class="story">...</p>
```

2）获取所有子节点

contents 和 children 属性仅包含 Tag 的直接子节点，descendants 属性可以对所有 Tag 的子孙节点进行递归循环，和 children 类似，也需要遍历获取其中的内容。

```
for child in soup.descendants:
    print child
```

运行结果：

\<html\>\<head\>\<title\> The Dormouse's story\</title\>\</head\>

\<body\>

\<p class="title" name="dromouse"\>\<b\> The Dormouse's story\</b\>\</p\>

\<p class="story"\> Once upon a time there were three little sisters; and their names were

\<a class="sister"href="http://example.com/elsie" id="link1"\>\<!--Elsie--\>\</a\>,

\<a class="sister"href="http://example.com/lacie" id="link2"\> Lacie\</a\>and

\<a class="sister"href="http://example.com/tillie" id="link3"\>Tillie\</a\>;

and they lived at the bottom of a well.\</p\>

\<p class="story"\>…\</p\>

\</body\>\</html\>

\<head\>\<title\> The Dormouse's story\</title\>\</head\>

\<title\>The Dormouse's story\</title\>

The Dormouse's story

\<body\>

\<p class="title" name="dromouse"\>\<b\> The Dormouse's story\</b\>\</p\>

\<p class="story"\> Once upon a time there were three little sisters; and their names were

\<a class="sister"href="http://example.com/elsie" id="link1"\>\<!--Elsie--\>\</a\>,

\<a class="sister"href="http://example.com/lacie" id="link2"\> Lacie\</a\>and

\<a class="sister"href="http://example.com/tillie" id="link3"\> Tillie\</a\>;

and they lived at the bottom of a well.\</p\>

\<p class="story"\>…\</p\>

\</body\>

\<p class="title" name="dromouse"\>\<b\>The Dormouse's story\</b\>\</p\>

\<b\> The Dormouse's story\</b\>

The Dormouse's story

\<p class="story"\> Once upon a time there were three little sisters; and their names were

\<a class="sister"href="http://example.com/elsie" id="link1"\>\<!--Elsie--\>\</a\>,

\<a class="sister"href="http://example.com/lacie" id="link2"\>Lacie\</a\>and

\<a class="sister"href="http://example.com/tillie" id="link3"\> Tillie\</a\>;

and they lived at the bottom of a well.\</p\>

Once upon a time there were three little sisters; and their names were

\<a class="sister"href="http://example.com/elsie" id="link1"\>\<!--Elsie--\>\</a\>

```
Elsie,

<a class="sister"href="http://example.com/lacie" id="link2">Lacie</a>
Lacie and

<a class="sister"href="http://example.com/tillie" id="link3">Tillie</a>
Tillie;
and they lived at the bottom of a well.

<p class="story">...</p>
...
```

3)获取节点内容

如果 Tag 只有一个 NavigableString 类型的子节点,那么这个 Tag 可以使用.string 得到子节点。如果一个 Tag 仅有一个子节点,那么这个 Tag 也可以使用.string 方法,输出结果与当前唯一子节点的.string 结果相同。

```
print(soup.head.string)
#The Dormouse's story
print(soup.title.string)
#The Dormouse's story
```

4)获取多项内容

如果 Tag 中包含多个字符串,可以使用.strings 来循环获取:

```
for string in soup.strings:
    print(repr(string))
    #u"The Dormouse's story"
    #u'\n\n'
    #u"The Dormouse's story"
    #u'\n\n'
    #u'Once upon a time there were three little sisters; and their names were\n'
    #u'Elsie'
    #u',\n'
    #u'Lacie'
    #u' and\n'
    #u'Tillie'
    #u';\n and they lived at the bottom of a well.'
    #u'\n\n'
    #u'...'
    #u'\n'
```

输出的字符串中可能包含了很多空格或空行,使用.stripped_strings 可以去除多余空白内容:

```
for string in soup.stripped_strings:
    print(repr(string))
    #u"The Dormouse's story"
```

```
#u"The Dormouse's story"
#u'Once upon a time there were three little sisters; and their names were'
#u'Elsie'
#u','
#u'Lacie'
#u'and'
#u'Tillie'
#u';\n and they lived at the bottom of a well.'
#u'...'
```

全部是空格的行会被忽略掉,段首和段末的空白会被删除。

5) 获取父节点

分析文档树,每个 Tag 或字符串都有父节点,被包含在某个 Tag 中。

通过 .parent 属性来获取某个元素的父节点,<head>标签是<title>标签的父节点:

```
title_tag=soup.title
print(title_tag)
#<title>The Dormouse's story</title>
print(title_tag.parent)
#<head><title>The Dormouse's story</title></head>
```

其他方法的使用具体可参考 bs4 文档。

2. 搜索文档树

BeautifulSoup 定义了很多搜索方法,这里着重介绍 2 个:find_all()和 find()。

1) find_all()方法

find_all()方法可搜索当前 Tag 的所有子节点,并判断是否符合过滤器的条件,其语法格式如下:

```
find_all(name,attrs,recursive,text,* kwargs)
```

该方法的参数的含义如下:

● name:名字为 name 的标签。

● attrs:按照 Tag 标签属性值检索,需要列出属性名和值,采用字典形式。

● recursive:调用 Tag 的 find_all()方法时,BeautifulSoup 会搜索当前 Tag 的所有子节点,如果只想搜索 Tag 的直接子节点,可以使用参数 recursive=False。

● text:通过 text 参数可以搜索文本字符中的内容。

● limit:find_all()方法返回全部的搜索结果,如果文档树很大,那么搜索会很慢。如果不需要全部结果,可以使用 limit 参数限制返回结果的数量。当搜索到的结果数量达到 limit 的限制时就停止搜索,并返回结果。

(1) name 参数。若 name 参数传入一个字符串参数,BeautifulSoup 会查找与字符串完整匹配的内容。下面代码查找文档中所有的<b>标签:

```
soup.find_all('b')
#[<b>The Dormouse's story</b>]
print soup.find_all('a')
```

```
#[<a class="sister" href="http://example.com/elsie" id="link1"><!--Elsie--></a>,<a
class="sister" href="http://example.com/lacie" id="link2">Lacie</a>,<a class=
"sister" href="http://example.com/tillie" id="link3">Tillie</a>]
```

若 name 参数传入正则表达式,BeautifulSoup 会通过正则表达式的 match() 来匹配内容。下面代码找出所有以 b 开头的标签,<body>和<b>标签都应该被找到。

```
import re
for tag in soup.find_all(re.compile("^b")):
    print(tag.name)
#body
#b
```

若 name 参数传入列表参数,BeautifulSoup 会将与列表中任一元素匹配的内容返回。下面代码找到文档中所有<a>标签和<b>标签:

```
soup.find_all(["a","b"])
#[<b>The Dormouse's story</b>,
#  <a class="sister"href="http://example.com/elsie" id="link1"> Elsie< /a> ,
#  <a class="sister"href="http://example.com/lacie" id="link2">Lacie</a>,
#  <a class="sister"href="http://example.com/tillie" id="link3">Tillie</a>]
```

(2) keyword 参数。如果一个指定名字的参数不是搜索内置的参数名,搜索时会把该参数当作指定名字 Tag 的属性来搜索;如果包含一个名字为 id 的参数,BeautifulSoup 会搜索每个 Tag 的"id"属性。

```
soup.find_all(id='link2')
#[<a class="sister" href="http://example.com/lacie" id="link2">Lacie</a>]
```

通过 text 参数可以搜索文档中的字符串内容,与 name 参数的可选值一样,text 参数接受字符串、正则表达式、列表。

```
soup.find_all(text="Elsie")
#[u'Elsie']
soup.find_all(text=["Tillie","Elsie","Lacie"])
#[u'Elsie',u'Lacie',u'Tillie']
soup.find_all(text=re.compile("Dormouse"))
[u"The Dormouse's story",u"The Dormouse's story"]
```

2) find()方法

find()方法与 find_all()方法的唯一区别:find_all()方法返回全部结果的列表,而 find()方法返回找到的第一个结果。find()的语法格式如下:

```
find(name,attrs,recursive,text)
```

其参数的含义与 find_all()方法的参数完全相同。

3. CSS 选择器

CSS 选择器用于选择网页元素,可以分为标签选择器、类选择器和 id 选择器 3 种。在 CSS 中,标签名不加任何修饰,类名前面需要加点(.)作为标识,id 名前加#号来标识。在 bs4 库中,也可以使用类似的方法来筛选元素,用到的方法是 soup.select(),返回类型是列表。

下面的代码分别通过标签名、类名、id 名、组合查找、属性查找来查找元素。

(1) 通过标签名查找：

```
print( soup.select('title'))
#[<title>The Dormouse's story</title>]
print(soup.select('a'))
#[<a class="sister" href="http://example.com/elsie" id="link1"><!--Elsie--></a>,
<a class="sister"href="http://example.com/lacie" id="link2">Lacie</a>,
<a class="sister"href="http://example.com/tillie" id="link3">Tillie</a>]
print( soup.select('b'))
#[<b>The Dormouse's story</b>]
```

(2) 通过类名查找：

```
print (soup.select('.sister'))
#[<a class="sister" href="http://example.com/elsie" id="link1"><!--Elsie--></a>,
<a class="sister"href="http://example.com/lacie" id="link2">Lacie</a>,
<a class="sister"href="http://example.com/tillie" id="link3">Tillie</a>]
```

(3) 通过 id 名查找：

```
print (soup.select('#link1'))
#[<a class="sister" href="http://example.com/elsie" id="link1"><!--Elsie--></a>]
```

(4) 组合查找：

组合查找和写 class 文件时标签名与类名、id 名进行的组合原理是一样的，例如查找 p 标签中，id 等于 link1 的内容，二者需要用空格分开。

```
print(soup.select('p # link1'))
#[<a class="sister" href="http://example.com/elsie" id="link1"><!--Elsie--></a>]
```

直接子标签查找，则使用＞分隔。

```
print (soup.select("head>title"))
#[<title>The Dormouse's story</title>]
```

(5) 属性查找。

查找时还可以加入属性元素，属性需要用中括号括起来，注意属性和标签属于同一节点，所以中间不能加空格，否则会无法匹配到。

```
print (soup.select('a[class="sister"]'))
#[<a class="sister" href="http://example.com/elsie" id="link1"><!--Elsie--></a>,
<a class="sister"href="http://example.com/lacie" id="link2">Lacie</a>,
<a class="sister"href="http://example.com/tillie" id="link3">Tillie</a>]
print(soup.select('a[href="http://example.com/elsie"]'))
#[<a class="sister" href="http://example.com/elsie" id="link1"><!--Elsie--></a>]
```

同样，属性仍然可以与上述查找方式组合，不在同一节点的用空格隔开，同一节点的不加空格。

```
print (soup.select('p a[href="http://example.com/elsie"]'))
#[<a class="sister" href="http://example.com/elsie" id="link1"><!--Elsie--></a>]
```

(6) 获取内容。

以上的 select 方法返回的结果都是列表形式，可以遍历形式输出，然后用 get_text() 方法来获取它的内容。

```
soup=BeautifulSoup(html,'lxml')
print type(soup.select('title'))
print (soup.select('title')[0].get_text())

for title in soup.select('title'):
    print (title.get_text())
```

13.4 常用的爬虫框架

在大数据时代,网络爬虫的应用需求越来越大。一般较小型的爬虫需求,可以使用 requests 和 bs4 库解决;较大型的需求就需要使用框架,主要是便于管理以及扩展等。框架已实现了通用功能,编程人员在此基础上再进行具体的系统开发。框架强调的是软件的设计重用性和系统的可扩充性,能够缩短开发周期,提高开发质量。常见的爬虫框架主要有以下几种:

1) Scrapy

Scrapy 是一个为了爬取网站数据和提取结构性数据而编写的应用框架,一般应用在包括数据挖掘、信息处理或存储历史数据等一系列的程序中。其最初是为了页面抓取所设计的,也可以应用在获取 API 所返回的数据(例如 Amazon Associates Web Services)或者通用的网络爬虫上。

2) PySpider

PySpider 是我国开发人员所编写的网络爬虫系统。它采用 Python 语言编写,使用分布式架构,能够支持多种数据库后端,具有强大的 WebUI,支持脚本编辑器、任务监视器、项目管理器以及结果查看器。

3) Selenium

Selenium 是一个自动化测试工具。它支持各种浏览器,包括 Chrome、Safari、Firefox 等主流界面式浏览器,只需在这些浏览器里面安装 Selenium 插件,就能实现对 Web 界面的测试。Selenium 支持浏览器驱动,支持多种语言开发,比如 Java、C、Ruby 等,PhantomJS 用来渲染解析 JS,Selenium 用来驱动与 Python 的对接,Python 进行后期的处理。

13.5 应用案例

Python 爬取指定 URL 的网页页面,首先需要分析页面的组织结构,了解网页标题、链接、时间等信息(即 HTML 元素和属性的描述)。下面通过例子详细介绍网页爬取的具体操作。

例 13-2 爬取百度新闻中一条新闻信息。

分析:(1) 爬取页面前的准备工作。

使用浏览器打开要爬取的网页页面。按 F12 键打开"开发者工具"窗口,如图 13-2 所示。选择 Elements 选项卡,单击"开发者工具"窗口工具栏左上角的"选择检查元素"按钮 ,再单击某个要爬取的文字内容,可以看到该信息在网页中反向显示。

Python 13-2

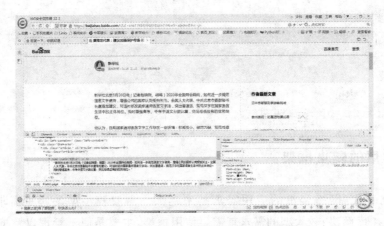

图 13-2 网页分析界面

从图 13-2 所示的"开发者窗口"可以看出,要爬取的内容是一个 class＝"bjh-p"的 div 元素的内容。

(2) 使用 requests 库爬取网页。

爬取网页的代码如下所示:

```
import requests
from bs4 import BeautifulSoup

response=requests.get("https://baijiahao.baidu.com/s?id=1667769326665816673&wfr=spider&for=pc")
html=response.content
#print(html)
```

爬取网页后可通过 print()语句测试并打印网页内容。

(3) 使用 requestsbs4 库解析网页。

获取网页文本信息后,找到所有 div 标签中 class＝"bjh-p"的内容并获取文字信息。完整代码如下所示:

```
import requests
from bs4 import BeautifulSoup

response=requests.get("https://baijiahao.baidu.com/s? id=1667769326665816673&wfr=spider&for=pc")
html=response.content
#print(html)


soup=BeautifulSoup(html,"html.parser")
imgs=soup.find_all(class_="bjh-p")
#print(imgs)


forimg in imgs:
    imgUrl=img.text
    print(imgUrl)
```

程序运行结果如图13-3所示。

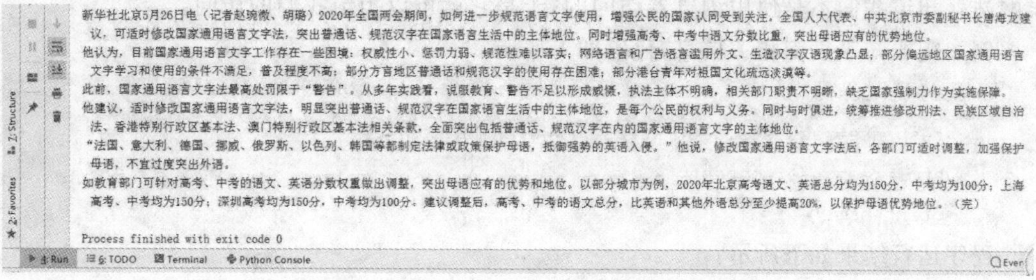

图 13-3　例 13-2 程序运行结果

例 13-3　爬取猫眼电影首页(https://maoyan.com/)所有图片信息。

分析：(1) 爬取页面前的准备工作。

按例 13-2 方法查看猫眼电影首页的相关代码，如图 13-4 所示，从图中可以看出要爬取的图片存在 class="movie-poster-img"的 div 元素中，所有的图片链接都在 src 元素中。

图 13-4　猫眼电影首页网页

(2) 使用 requests 库爬取网页。

爬取网页的代码如下所示：

```
import requests
from bs4 import BeautifulSoup

response=requests.get("https://maoyan.com/")
html=response.content
# print(html)
```

有时我们使用该种方式爬取网页并不能获取网页内容，原因在于当我们使用浏览器访问网站的时候，浏览器会发送一小段信息给网站，称为 Request Headers，这个头部信息包含了本次访问的一些信息，例如编码方式、当前地址、将要访问的地址等。这些信息一般来说是不必要的，但是现在很多网站会把这些信息利用起来。其中最常被用到的一个信息，叫作"User-Agent"。网站可以通过 User-Agent 来判断用户是使用什么浏览器访问的。不同浏览器的 User-Agent 是不一样的，但都遵循一定的规则。如果我们使用 Python 的 Requests

直接访问网站，除了网址，不提供其他的信息，那么网站收到的 User-Agent 是空的。这个时候网站就知道我们不是使用浏览器访问的，于是它就可以拒绝我们的访问。

例如爬取知乎页面相关信息，代码如下所示：

```
import requests
response=requests.get("https://www.zhihu.com/")
html=response.content
print(html)
```

程序运行结果如下所示：

```
b'<html>\r\n<head><title>400 Bad Request</title></head>\r\n<body bgcolor="white">\r\n
<center><h1>400 Bad Request</h1></center>\r\n<hr><center>openresty</center>\r\n
</body>\r\n</html>\r\n'
```

从上述结果可知，没有获取网页上的数据。这就说明网页禁止爬取，需要通过反爬机制去解决这个问题。通过设定 Request Headers 中的 User-Agent 伪装成为浏览器用户，就可以突破这种机制。那么如何设定 User-Agent 的值呢？

打开"开发者工具"窗口，选择 Network 选项卡，按 F5 键刷新网页，在左下角会出现当前网页加载的所有元素，选择第一个文件，在 Headers 中可找到 User-Agent 相关信息，如图 13-5 所示。

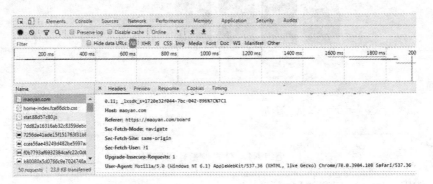

图 13-5　User-Agent 信息的提取

不同的网站，Request Headers 是不同的。我们可以通过字典的方式来设定 Headers，在 requests 中，可以使用如下代码来提交 Headers。

```
headers={"User- Agent":"Mozilla/5.0（Windows NT 6.1）AppleWebKit/537.36（KHTML,like Gecko）Chrome/78.0.3904.108 Safari/537.36"}
response=requests.get("https://maoyan.com/",headers=headers)
```

（3）使用 requestsbs4 库解析网页。

获取网页文本信息后，找到所有 div 标签中 class="movie-poster-img" 的内容，分析图片地址发现它存放在 data-src 元素中，获取其信息，最后再将下载的图片存放在 ./img/ 指定路径下。完整代码如下所示：

```
import requests
from bs4 import BeautifulSoup
```

```
headers={"User- Agent":"Mozilla/5.0（Windows NT 6.1）AppleWebKit/537.36（KHTML,like
Gecko) Chrome/78.0.3904.108 Safari/537.36"}
response=requests.get("https://maoyan.com/",headers=headers)
html=response.content
#print(html)

soup=BeautifulSoup(html,"html.parser")
imgs=soup.find_all(class_="movie-poster-img")
#print(imgs)

forimg in imgs:
    imgUrl=img.get("data- src")
    #print(imgUrl)
    if notimgUrl.strip():
        print("imgUrl is null")
    else:
        imgData=requests.get(imgUrl)
        #print(imgData)
        #需在指定目录下新建文件夹
        str=imgUrl.split("/")[-1]
        fname=str.split("@ ")[0]
        savePath="D:/imgs/"+ fname    #生成图片名字,指定路径
        print(savePath)
        file=open(savePath,"wb")
        file.write(imgData.content)
        file.close()
        print("下载完毕!")
```

程序运行结果如图 13-6 所示。

图 13-6　例 13-3 程序运行结果

例 13-4　爬取酷狗音乐榜单网页至少 100 条歌曲信息,具体包括音乐名、作者、链接等。（网页地址为 http://www.kugou.com/yy/rank/home/1-8888.html。）

分析：(1) 本题要求爬取至少 100 条歌曲信息，而当前页面仅显示 22 条信息，分析 url，发现链接里面的数字 1 表示当前页数，若将其改为 2，则可跳转至第二页，经过计算，实现 100 首歌曲爬虫需 5 条 url 链接，所以代码中可使用 for 循环手动创建一个 url。代码如下所示：

```
urls=['http://www.kugou.com/yy/rank/home/{}-8888.html?from=rank'.format(str(i))
for i in
range(1,6)]
```

(2) 对于每个网页信息的爬取与例 13-2 类似。详细分析省略。

完整代码如下所示：

```
from bs4 import BeautifulSoup
import requests
import re
import time

def get_info(url,file):
    res=requests.get(url,headers=headers)
    soup=BeautifulSoup(res.text,'lxml')
    ranks=soup.select('span.pc_temp_num')
    titles=soup.select('a.pc_temp_songname')
    times=soup.select('span.pc_temp_time')

    for rank,title,time in zip(ranks,titles,times):  #利用 zip 和序列解包代替三重循环
        href=title["href"]
        data={
            "rank": rank.get_text().strip(),      #获取歌曲排名
            "title": title.get_text().strip(),    #获取歌曲名称
            "time": time.get_text().strip(),      #获取歌曲时长
            "url":href                            #获取歌曲链接
            }
        print(data)
        #格式化输出
        string="{:<8}{:<40}{:<8}\n".format(data['rank'],data['title'],data['time'],)
        file.write(string)


if __name__=='__main__':
    headers={ 'User- Agent': 'Mozilla/5.0 (Windows NT 6.1; WOW64)
        AppleWebKit/537.36 (KHTML,like Gecko) Chrome/56.0.2924.87 Safari/537.36'
        }  #伪装浏览器
urls=['http://www.kugou.com/yy/rank/home/{}-8888.html?from=rank'.format(str(i))
for i in range(1,6)]

with open(r'./kugou_100.txt','w',encoding='utf-8') as f:
```

```
        f.write("排名      歌手        歌名         长度\n")
    for url inurls:
        get_info(url,f)
        time.sleep(1) #缓冲 1 秒,防止请求频率过快
```

本章习题

一、选择题

1. 下列选项中,不属于 HTML 标签的是(　　)。
A. <p>　　　　　B. <a>　　　　　C. <div>　　　　　D. <class>
2. request.get()函数的返回值类型是(　　)。
A. String　　　　B. text　　　　　C. Response　　　　D. Request
3. bs4 库的对象可以归纳为 4 种类型,不正确的是(　　)。
A. Comment　　　B. Tag　　　　　C. String　　　　　D. NavigableString
4. 以下(　　)是 Python 的爬虫框架。
A. Flask　　　　　B. Django　　　　C. Scrapy　　　　　D. urllib

二、简答题

1. 简述网络爬虫的工作原理。
2. 请列举出 Beautifulsoup4 库解析文档树的主要方法和属性。

三、编程题

1. 爬取天涯首页的内容。
2. 爬取猫眼电影网任一部电影的演员表和评论信息。

第14章 科学计算与可视化

Python在科学计算领域有三个非常受欢迎的库：NumPy、SciPy、Matplotlib。NumPy是一个高性能的多维数组的计算库。SciPy构建在NumPy的基础之上，提供了许多操作NumPy数组的函数。Matplotlib是一个Python 2D绘图库，它以各种硬拷贝格式和跨平台的交互式环境生成出版质量级别的图形。这种组合广泛用于替代MATLAB，是一个强大的科学计算环境，有助于我们通过Python学习数据科学。

14.1 NumPy

14.1.1 NumPy 简介

NumPy是Python中科学计算的基础包。它代表"Numeric Python"，是Python语言的一个扩展程序库，提供多维数组对象、各种派生对象（如掩码数组和矩阵），以及用于数组快速操作的各种API，包括数学、逻辑、形状操作、排序、选择、输入输出、离散傅里叶变换、基本线性代数、基本统计运算和随机模拟等。

有关NumPy库更详细的介绍可访问官网：http://www.numpy.org/。

调用NumPy库之前先安装相应的包，再使用import命令导入。Python社区习惯为NumPy取别名np，语法如下：

```
import numpy as np
```

14.1.2 NumPy 数组的创建

1. ndarray 对象

NumPy最重要的一个特点是N维数组对象ndarray，它是一系列同类型数据的集合，以0为下标开始进行集合中元素的索引。每个元素在内存中都有相同存储大小的区域。

NumPy数组的维数称为秩（rank），秩就是轴的数量，即数组的维度。一维数组的秩为1，二维数组的秩为2，以此类推。每一个线性的数组称为一个轴（axis），也就是维度（dimensions）。axis=0，表示沿着第0轴进行操作，即对每一列进行操作；axis=1，表示沿着第1轴进行操作，即对每一行进行操作。

ndarray对象的属性如表14-1所示。

第 14 章 科学计算与可视化

表 14-1 ndarray 对象的属性

属 性	说 明
ndarray.ndim	秩,即轴的数量或维度的数量
ndarray.shape	数组的维度,对于矩阵,n 行 m 列
ndarray.size	数组元素的总个数,相当于.shape 中 n*m 的值
ndarray.dtype	ndarray 对象的元素类型
ndarray.itemsize	ndarray 对象中每个元素的大小,以字节为单位
ndarray.flags	ndarray 对象的内存信息
ndarray.real	ndarray 元素的实部
ndarray.imag	ndarray 元素的虚部
ndarray.data	包含实际数组元素的缓冲区,由于一般通过数组的索引获取元素,所以通常不需要使用这个属性

例 14-1 ndarray 对象的属性。

```
>>>import numpy as np
>>>a=np.arange(15).reshape(3,5)
>>>a
array([[ 0, 1, 2, 3, 4],
       [ 5, 6, 7, 8, 9],
       [10,11,12,13,14]])
>>>a.shape
(3,5)
>>>a.ndim
2
>>>a.dtype.name
'int64'
>>>a.itemsize
8
>>>a.size
15
>>>type(a)
<type 'numpy.ndarray'>
>>>b=np.array([6,7,8])
>>>b
array([6,7,8])
>>>type(b)
<type 'numpy.ndarray'>
```

2. ndarray 数组的创建

(1) 使用 array 函数从列表或元组中创建数组。得到的数组的类型是从 Python 列表中元素的类型推导出来的。例如:

```
>>>import numpy as np
>>>a=np.array([2,3,4])
>>>a
array([2,3,4])
>>>a.dtype
dtype('int64')
>>>b=np.array([1.2,3.5,5.1])
>>>b.dtype
dtype('float64')
```

一个常见的错误，就是调用 array 的时候传入多个数字参数，而不是提供单个数字的列表类型作为参数。例如：

```
>>>a=np.array(1,2,3,4)      #WRONG
>>>a=np.array([1,2,3,4])    #RIGHT
```

array 还可以将序列的序列转换成二维数组，将序列的序列的序列转换成三维数组等。例如：

```
>>>b=np.array([(1.5,2,3),(4,5,6)])
>>>b
array([[ 1.5, 2., 3.],
       [ 4., 5., 6.]])
```

也可以在创建时显式指定数组的类型。例如：

```
>>>c=np.array( [[1,2],[3,4]],dtype=complex )
>>>c
array([[ 1.+ 0.j, 2.+ 0.j],
       [ 3.+ 0.j, 4.+ 0.j]])
```

通常，数组的元素最初是未知的，但它的大小是已知的。因此，NumPy 提供了几个函数来创建具有初始占位符内容的数组。这就减少了数组增长的必要，因为数组增长的操作花费很大。

（2）函数 zeros() 创建一个由 0 组成的数组，函数 ones() 创建一个完整的数组，函数 empty() 创建一个数组，其初始内容是随机的，取决于内存的状态。默认情况下，创建的数组的 dtype 是 float64 类型的。例如：

```
>>>np.zeros((3,4))
array([[ 0., 0., 0., 0.],
       [ 0., 0., 0., 0.],
       [ 0., 0., 0., 0.]])
>>>np.ones((2,3,4),dtype=np.int16)
array([[[ 1,1,1,1],
        [ 1,1,1,1],
        [ 1,1,1,1]],
       [[ 1,1,1,1],
        [ 1,1,1,1],
        [ 1,1,1,1]]],dtype=int16)
>>>np.empty((2,3))
```

```
array([[  3.73603959e-262,   6.02658058e-154,   6.55490914e-260],
       [  5.30498948e-313,   3.14673309e-307,   1.00000000e+000]])
```

(3) 为了创建数字组成的数组，NumPy 提供了一个类似于 range 的函数 arange()。该函数的语法如下：

```
arange([start,]stop[,step,],dtype=None)
```

通过指定开始值、终值和步长创建表示等差数列的一维数组，注意得到的结果数组不包含终值。该函数返回数组，而不是列表。例如：

```
>>>np.arange(10,30,5)
array([10,15,20,25])
>>>np.arange(0,2,0.3)
array([ 0.,  0.3,  0.6,  0.9,  1.2,  1.5,  1.8])
```

当 arange 与浮点参数一起使用时，由于有限的浮点精度，通常不可能预测所获得的元素的数量。出于这个原因，通常最好使用 linspace() 函数来接收想要的元素数量的函数。该函数的语法如下：

```
linspace(start,stop,num,endpoint,retstep,dtype=None)
```

通过指定开始值、终值和元素个数创建表示等差数列的一维数组，可以通过 endpoint 参数指定是否包含终值，默认值为 True，即包含终值。例如：

```
>>>from numpy import pi
>>>np.linspace(0,2,9)
array([ 0. ,  0.25,  0.5,  0.75,  1. ,  1.25,  1.5,  1.75,  2. ])
>>>x=np.linspace(0,2*pi,100)
>>>f=np.sin(x)
```

另外还有些 API 如下所示：

array,zeros,zeros_like,ones,ones_like,empty,empty_like,arange,linspace,numpy.random.mtrand.RandomState.rand,numpy.random.mtrand.RandomState.randn,fromfunction,fromfile。

3. 打印数组

打印数组时，NumPy 以与嵌套列表类似的方式显示它，但具有以下布局：

最后一个轴从左到右打印，倒数第二个从上到下打印，其余部分也从上到下打印，每个切片用空行分隔。

将一维数组打印为行，将二维数组打印为矩阵，将三维数组打印为矩数组表。例如：

```
>>>a=np.arange(6)                    #一维数组
>>>print(a)
[0 1 2 3 4 5]
>>>b=np.arange(12).reshape(4,3)      #二维数组
>>>print(b)
[[ 0  1  2]
 [ 3  4  5]
 [ 6  7  8]
 [ 9 10 11]]
>>>c=np.arange(24).reshape(2,3,4)    #三维数组
>>>print(c)
```

```
[[[ 0  1  2  3]
  [ 4  5  6  7]
  [ 8  9 10 11]]
 [[12 13 14 15]
  [16 17 18 19]
  [20 21 22 23]]]
```

如果数组太大而无法打印,NumPy 会自动跳过数组的中心部分并仅打印角点。例如:

```
>>>print(np.arange(10000))
[   0    1    2..., 9997 9998 9999]
>>>
>>>print(np.arange(10000).reshape(100,100))
[[   0    1    2...,   97   98   99]
 [ 100  101  102...,  197  198  199]
 [ 200  201  202...,  297  298  299]
 ...,
 [9700 9701 9702..., 9797 9798 9799]
 [9800 9801 9802..., 9897 9898 9899]
 [9900 9901 9902..., 9997 9998 9999]]
```

要禁用此行为并强制 NumPy 打印整个数组,可以更改打印选项 set_printoptions。

```
>>>np.set_printoptions(threshold=sys.maxsize)    #sys module should be imported
```

14.1.3 NumPy 的基本操作

数组上的算术运算符会应用到元素级别。下面是创建一个新数组并填充结果的示例:

```
>>>a=np.array([20,30,40,50])
>>>b=np.arange(4)
>>>b
array([0,1,2,3])
>>>c=a-b
>>>c
array([20,29,38,47])
>>>b**2
array([0,1,4,9])
>>>10*np.sin(a)
array([ 9.12945251,-9.88031624,  7.4511316 ,-2.62374854])
>>>a<35
array([ True,True,False,False])
```

与许多矩阵语言不同,乘积运算符 * 在 NumPy 数组中按元素进行运算。矩阵乘积可以使用@运算符(在 python>=3.5 中)或 dot 函数或方法执行。例如:

```
>>>A=np.array([[1,1],
               [0,1]])
>>>B=np.array([[2,0],
               [3,4]])
```

```
>>>A * B                        # 元素对应乘法
array([[2,0],
       [0,4]])
>>>A @ B                        # 矩阵乘法
array([[5,4],
       [3,4]])
>>>A.dot(B)                     # 矩阵乘法
array([[5,4],
       [3,4]])
```

某些操作(如+=、*=)会更直接更改被操作的矩阵数组,而不会创建新矩阵数组。例如:

```
>>>a=np.ones((2,3),dtype=int)
>>>b=np.random.random((2,3))
>>>a*=3
>>>a
array([[3,3,3],
       [3,3,3]])
>>>b+=a
>>>b
array([[ 3.417022 ,  3.72032449,  3.00011437],
       [ 3.30233257,  3.14675589,  3.09233859]])
>>>a+=b                 #b is not automatically converted to integer type
Traceback (most recent call last):
  ...
TypeError: Cannot cast ufunc add output from dtype('float64') to dtype('int64') with casting rule 'same_kind'
```

当使用不同类型的数组进行操作时,结果数组的类型对应于更一般或更精确的数组(称为向上转换的行为)。例如:

```
>>>a=np.ones(3,dtype=np.int32)
>>>b=np.linspace(0,pi,3)
>>>b.dtype.name
'float64'
>>>c=a+b
>>>c
array([ 1.        ,  2.57079633,  4.14159265])
>>>c.dtype.name
'float64'
>>>d=np.exp(c*1j)
>>>d
array([ 0.54030231+ 0.84147098j,- 0.84147098+ 0.54030231j,
       - 0.54030231- 0.84147098j])
>>>d.dtype.name
'complex128'
```

许多一元操作都调用 ndarray 类的方法来实现。例如：

```
>>>a=np.random.random((2,3))
>>>a
array([[ 0.18626021,  0.34556073,  0.39676747],
       [ 0.53881673,  0.41919451,  0.6852195 ]])
>>>a.sum()
2.5718191614547998
>>>a.min()
0.1862602113776709
>>>a.max()
0.6852195003967595
```

默认情况下，这些操作适用于数组。通过指定 axis 参数，可以沿数组的指定轴进行操作。例如：

```
>>>b=np.arange(12).reshape(3,4)
>>>b
array([[ 0, 1, 2, 3],
       [ 4, 5, 6, 7],
       [ 8, 9,10,11]])
>>>b.sum(axis=0)                              # 每列求和
array([12,15,18,21])
>>>
>>>b.min(axis=1)                              # 每行求最小值
array([0,4,8])
>>>
>>>b.cumsum(axis=1)                           #按行每个元素累加求和
array([[ 0, 1, 3, 6],
       [ 4, 9,15,22],
       [ 8,17,27,38]])
```

◆ 14.1.4 通函数

NumPy 提供熟悉的数学函数，如 sin、cos 和 exp，这些被称为通函数。在 NumPy 中，这些函数在数组上按元素进行运算，产生一个数组作为输出。例如：

```
>>>B=np.arange(3)
>>>B
array([0,1,2])
>>>np.exp(B)
array([ 1.        ,  2.71828183,  7.3890561 ])
>>>np.sqrt(B)
array([ 0.        ,  1.        ,  1.41421356])
>>>C=np.array([2.,-1.,4.])
>>>np.add(B,C)
array([ 2., 0., 6.])
```

其他通函数如下所示：

all, any, apply_along_axis, argmax, argmin, argsort, average, bincount, ceil, clip, conj, corrcoef, cov, cross, cumprod, cumsum, diff, dot, floor, inner, INV, lexsort, max, maximum, mean, median, min, minimum, nonzero, outer, prod, re, round, sort, std, sum, trace, transpose, var, vdot, vectorize, where。

14.1.5 索引、切片和迭代

一维的数组可以进行索引、切片和迭代操作。例如：

```
>>>a=np.arange(10)**3
>>>a
array([  0,   1,   8,  27,  64,125,216,343,512,729])
>>>a[2]
8
>>>a[2:5]
array([ 8,27,64])
>>>a[:6:2]=-1000
>>>a
array([-1000,    1,- 1000,    27,-1000,   125,   216,   343,   512,   729])
>>>a[::-1]
array([ 729,  512,  343,  216,  125,- 1000,   27,- 1000,    1,- 1000])
>>>for i in a:
       print(i**(1/3.))

nan
1.0
nan
3.0
nan
5.0
6.0
7.0
8.0
9.0
```

多维的数组每个轴可以有一个索引。这些索引以逗号分隔元组。例如：

```
>>>def f(x,y):
      return 10*x+y
>>>b=np.fromfunction(f,(5,4),dtype=int)
>>>b
array([[ 0, 1, 2, 3],
       [10,11,12,13],
       [20,21,22,23],
       [30,31,32,33],
```

```
       [40,41,42,43]])
>>>b[2,3]
23
>>>b[0:5,1]
array([ 1,11,21,31,41])
>>>b[:,1]
array([ 1,11,21,31,41])
>>>b[1:3,:]
array([[10,11,12,13],
       [20,21,22,23]])
```

当提供的索引少于轴的数量时,缺失的索引被认为是完整的切片。例如:

```
>>>b[-1]                        # 等价于b[-1,:]
array([40,41,42,43])
```

b[i]方括号中的表达式i被视为后面紧跟着:的多个实例,用于表示剩余轴。NumPy也允许使用三个点写为 b[i,...]。三个点(...)表示产生完整索引元组所需的冒号。如果 x 是 rank 为 5 的数组(即具有 5 个轴),则:

x[1,2,...]等价于 x[1,2,:,:,:],

x[...,3]等价于 x[:,:,:,:,3],

x[4,...,5,:]等价于 x[4,:,:,5,:]。

示例如下:

```
>>>c=np.array( [[[  0,  1,  2],
                 [ 10, 12, 13]],
                [[100,101,102],
                 [110,112,113]]])
>>>c.shape
(2,2,3)
>>>c[1,...]                     #等价于c[1,:,:]或c[1]
array([[100,101,102],
       [110,112,113]])
>>>c[...,2]                     #等价于c[:,:,2]
array([[  2, 13],
       [102,113]])
```

对多维数组进行迭代是相对于第一个轴完成的。例如:

```
>>>for row in b:
       print(row)
[ 0  1  2  3]
[10 11 12 13]
[20 21 22 23]
[30 31 32 33]
[40 41 42 43]
```

但是,如果想要对数组中的每个元素执行操作,可以使用 flat 属性,该属性是数组的所有元素的迭代器。例如:

```
>>>for element in b.flat:
    print(element)
0
1
2
3
10
11
12
13
  ⋮
40
41
42
43
```

◆ 14.1.6 形状操纵

一个数组的形状是由每个轴的元素数量决定的。可以使用各种命令更改数组的形状。例如：

```
>>>a=np.floor(10* np.random.random((3,4)))
>>>a
array([[ 2., 8., 0., 6.],
       [ 4., 5., 1., 1.],
       [ 8., 9., 3., 6.]])
>>>a.shape
(3,4)
>>>a.ravel()
array([ 2., 8., 0., 6., 4., 5., 1., 1., 8., 9., 3., 6.])
>>>a.reshape(6,2)
array([[ 2., 8.],
       [ 0., 6.],
       [ 4., 5.],
       [ 1., 1.],
       [ 8., 9.],
       [ 3., 6.]])
>>>a.T
array([[ 2., 4., 8.],
       [ 8., 5., 9.],
       [ 0., 1., 3.],
       [ 6., 1., 6.]])
>>>a.T.shape
(4,3)
>>>a.shape
(3,4)
```

更多关于 reshape()、ravel()函数的用法参考 NumPy 官方文档。

14.2 SciPy

SciPy 是一个开源的 Python 算法库和数学工具包。SciPy 包含的模块有优化算法、线性代数、积分、插值、特殊数学函数、快速傅里叶变换、信号处理和图像处理、常微分方程求解和其他科学与工程中常用的计算。

有关 SciPy 库更详细的介绍可访问官网：https://www.scipy.org/。

SciPy 是基于 NumPy 的扩充，所以安装时要先安装 NumPy，再安装 SciPy，导入时通常给 SciPy 起个别名 sp，语法如下：

```
import scipy as sp
```

14.2.1 SciPy 主要模块

SciPy 的模块如表 14-2 所示。

表 14-2　SciPy 的模块

模　块　名	功　　能
scipy.cluster	向量量化
scipy.constants	数学常量
scipy.ffpack	快速傅里叶变换
scipy.integrate	积分
scipy.interpolate	插值
scipy.io	数据输入输出
scipy.linalg	线性代数
scipy.ndimage	N 维图像
scipy.odr	正交距离回归
scipy.optimize	优化算法
scipy.signal	信号处理
scipy.sparse	稀疏矩阵
scipy.spatial	空间数据结构和算法
scipy.special	特殊数学函数
scipy.stats	统计函数

14.2.2 简单应用

例 14-2　访问 SciPy 中科学计算常用的常数值。

```
from scipy import constants as C
print(C.c)              # 真空中的光速
```

Python 14-2

```
print(C.h)            #普朗克常数
print(C.degree)       #一度等于多少弧度
print(C.minute)       #一分钟等于多少秒
```
程序运行结果如下：
```
299792458.0
6.62607004e-34
0.017453292519943295
60.0
```

例 14-3 求 $\int_0^{1/2} dy \int_0^{\sqrt{1-4y^2}} 10xy\,dx$ 的值。

```
import scipy.integrate
from math import sqrt
f=lambda x,y:10*x*y
g=lambda x:0
h=lambda y :sqrt(1-4*y**2)
i=scipy.integrate.dblquad(f,0,0.5,g,h)
print(i)
```
程序运行结果如下：
```
(0.3124999999999999,1.0682718757871778e-14)
```

例 14-4 求傅里叶变换和傅里叶逆变换。

```
import numpy as np
from scipy.fftpack import fft,ifft

#创建一个随机值数组
x=np.array([1.0,2.0,1.0,-1.0,1.5])

#对数组数据进行傅里叶变换
y=fft(x)
print('fft: ')
print(y)
print('\n')


#快速傅里叶逆变换
inv_y=ifft(y)
print('ifft: ')
print(inv_y)
print('\n')
```
程序运行结果如下：
```
fft:[ 4.5       +0.j         2.08155948-1.65109876j -1.83155948+1.60822041j
-1.83155948-1.60822041j  2.08155948+1.65109876j]


ifft:[ 1.+0.j  2.+0.j  1.+0.j -1.+0.j  1.5+0.j]
```

14.3 Matplotlib

Matplotlib 是 Python 编程语言及其数值数学扩展包 NumPy 的可视化操作界面。通过 Matplotlib 可以生成绘图、直方图、功率谱、条形图、错误图、散点图等图形。

有关 Matplotlib 库更详细的介绍可访问官网：https://www.matplotlib.org/。

调用 Matplotlib 库之前先安装相应包，语法如下：

```
import matplotlib
```

14.3.1 绘制的主要函数

Matplotlib 的 pyplot 子库是一个有命令风格的函数集合，和 MATLAB 类似，可以帮助用户快速绘制 2D 图表。此外，Matplotlib 还提供一个名为 pylab 的模块，其中包含了许多 NumPy 和 pyplot 模块中的常用函数，方便用户快速进行计算和绘图，十分适合在 Python 交互式环境中使用。

通常使用如下命令导入库：

```
import matplotlib.pyplot as plt
```

例 14-5 绘制图形。

```python
import numpy as np
import matplotlib.pyplot as plt

x=np.arange(0.0,2.0* np.pi,0.2)          #自变量范围
y=np.sin(x)
z=np.cos(x)
plt.plot(x,y,"r",label="sin(x)")          #绘制图形，绘图颜色设置为红色
plt.plot(x,z,"b--",label="cos(x)")        #绘制图形，线型设置为虚线，颜色为蓝色
plt.title("sin(x) and cos(x)")            #设置图形标题
plt.xlabel("x")                            #设置 x 轴标签
plt.ylabel("y")                            #设置 y 轴标签
plt.legend(loc="upper right")              #设置图例位置
plt.show()                                 #显示图形
```

程序运行结果如图 14-1 所示。

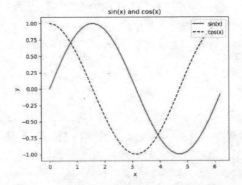

图 14-1 例 14-5 程序运行结果

> **注意：**
> Matplotlib 默认情况下不支持中文，图片中若需要显示中文，首先需要下载相应字体，再将字体文件放在当前执行的代码文件中。

例 14-5 将正弦余弦函数叠加在一起显示了，但有时需要将多个图形在一幅图中单独显示，这时可以使用 subplot() 函数，该函数可以在一幅图中生成多个子图，语法结构如下：

plt.subplot(numrows,numcols,plotNum)

该函数将整个绘图区域等分为 numrows 行与 numcols 列个子区域，然后按照从左到右、从上到下的顺序对每个子区域进行编号，左上角的子区域的编号为 1。plotNum 用于指定使用第几个子区域。

如果 numrows、numcols 和 plotNum 这 3 个参数都小于 10，可以把它们缩写为一个整数。例如，subplot(224) 和 subplot(2,2,4) 是相同的，意味着图表被分割成 2×2（2 行 2 列）的网格子区域，并在第 4 个子区域绘制子图。

例 14-6 绘制多个子图。

```python
import numpy as np
import matplotlib.pyplot as plt

x=np.arange(0.0,2.0* np.pi,0.2)    #自变量范围
y1=np.sin(x)
y2=np.cos(x)
plt.figure(figsize=(6,4))           #设置图形大小
plt.subplot(2,1,1)                  #设置子图位置
plt.plot(x,y1,"r",label="xin(x)")
plt.legend()
plt.ylim(-1.2,1.2)                  #设置y轴范围
plt.subplot(2,1,2)
plt.plot(x,y2,"b--",label="cos(x)")
plt.legend()
plt.ylim(-1.2,1.2)
plt.show()
```

程序运行结果如图 14-2 所示。

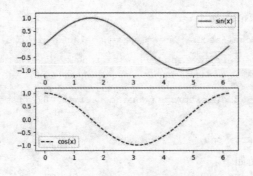

图 14-2　例 14-6 程序运行结果

14.3.2 绘制条形图

条形图就是用一个单位长度表示一定的数量,根据数量的多少绘制长短不同的线条,然后把这些线条按一定的顺序排列起来。从条形图中很容易看出各种数量的多少。pyplot.bar()和pyplot.barh()函数分别用来绘制竖直方向的条形图和水平方向的条形图。

例 14-7 绘制条形图。

```
import matplotlib.pyplot as plt
x= [5,8,10]
y= [12,16,6]
plt.bar(x,y,align='center')
plt.ylabel('Y ')
plt.xlabel('X ')
plt.show()
```

程序运行结果如图 14-3 所示。

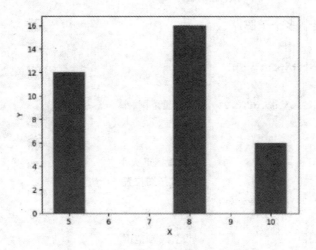

图 14-3 例 14-7 程序运行结果

14.3.3 绘制饼状图

饼状图显示一个数据系列中各数值项的大小与总和的比例,饼状图中的数据显示为整个饼状图的百分比。使用 plt.pie()函数可以绘制饼状图。

plt.pie()函数的语法格式如下:

```
plt.pie(x,explode=None,labels=None,colors=None,autopct=None,pctdistance=0.6,
        shadow=False,labeldistance=1.1,startangle=None,radius=None,counterclock=True,
         wedgeprops=None,textprops=None,center=(0,0),frame=False,rotatelabels=False,
        hold=None,data=None)
```

其中各个参数的含义如下:

- x:数据,表示每一块的比例,如果 sum(x)>1 会使用 sum(x)归一化。

- explode：设置每一块离开中心的距离，由用户定义。
- labels：设置饼状图数据项的标签。
- autopct：显示数据块所占的百分比，'％1.1f'指小数点前后的位数（没有时用空格补齐）。
- pctdistance：百分比标签的半径，可选，默认为 0.6。
- shadow：设置图形的阴影效果。
- labeldistance：设置标签半径，可选，默认为 1.1。
- startangle：设置开始角度，可选，默认为 None，从 x 轴开始。
- radius：设置半径，可选，默认为 None(1)。
- counterclock：设置百分比方向，逆时针，默认为 True。
- wedgeprops：设置扇形属性，可选，默认为 None。
- textprops：设置文字属性，可选，默认为 None。
- cente：设置 pie 的圆心，可选，默认为(0,0)。
- frame：设置是否画坐标轴，可选，默认为 False。
- rotatelabels：设置标签是否滚动，可选，默认为 False。

例 14-8 绘制饼状图。

```
import matplotlib.pyplot as plt
data=[20,50,30,18]
activities=['first','second','third','fourth']
cols=['c','m','r','b']
plt.pie(data,labels=activities,colors=cols,startangle=90,
        shadow=True,explode=(0,0.1,0,0),autopct='%1.1f%%')
plt.show()
```

程序运行结果如图 14-4 所示。

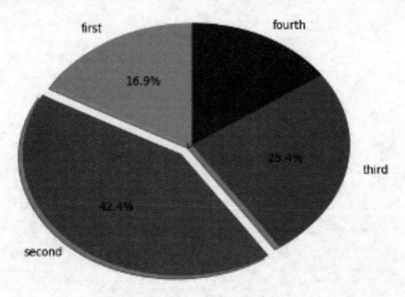

图 14-4 例 14-8 程序运行结果

本章习题

一、选择题

1. 在代码 import matplotlib.pyplot as plt 中,plt 的含义是(　　)。

　A. 函数名　　　　　B. 类名　　　　　C. 库的别名　　　　　D. 变量名

2. 阅读下面的代码,其中 show() 函数的作用是(　　)。

import matplotlib.pyplot as plt

plt.plot([9,7,15,2,9])

plt.show()

　A. 显示绘制的数据图　　　　　　　　B. 刷新绘制的数据图

　C. 缓存绘制的数据图　　　　　　　　D. 存储绘制的数据图

3. 以下(　　)不是 matplotlib 的绘图函数。

　A. hist()　　　　　B. bar()　　　　　C. pie()　　　　　D. curve()

4. 以下(　　)不能生成一个 ndarray 对象。

　A. arr1＝mp.array([0,1,2,3,4])

　B. arr2＝mp.array({0:0,1:1,2:2,3:3,4:4})

　C. arr3＝np.array((0,1,2,3,4))

　D. arr4＝np.array(0,1,2,3,4)

二、编程题

1. 请编写一个绘制余弦三角函数 cos(2x) 的程序。

2. 请使用 numy 库和 matplotlib.pyplot 库绘制 $y=e^{-x}\sin(2x)$ 和 $y=\sin(2\pi x)$ 的函数曲线。

附录　常用函数列表

函　数	功　能　说　明
abs(x)	返回数字 x 的绝对值或复数 x 的模
all(iterable)	如果对于可迭代对象中所有元素 x 都等价于 True,也就是对于所有元素 x 都有 bool(x)等于 True,则返回 True。对于空的可迭代对象也返回 True
any(iterable)	只要可迭代对象 iterable 中存在元素 x 使得 bool(x)为 True,则返回 True。对于空的可迭代对象,返回 False
ascii(obj)	把对象转换为 ASCII 码表示形式,必要的时候使用转义字符来表示特定的字符
bin(x)	把整数 x 转换为二进制串表示形式
bool(x)	返回与 x 等价的布尔值 True 或 False
bytes(x)	生成字节串,或把指定对象 x 转换为字节串表示形式
callable(obj)	测试对象 obj 是否可调用。类和函数是可调用的,包含__call__()方法的类的对象也是可调用的
compile()	用于把 Python 代码编译成可被 exec()或 eval()函数执行的代码对象
complex(real,[imag])	返回复数
chr(x)	返回 Unicode 编码为 x 的字符
delattr(obj,name)	删除属性,等价于 del obj.name
dir(obj)	返回指定对象或模块 obj 的成员列表,如果不带参数则返回当前作用域内所有标识符
divmod(x,y)	返回包含整商和余数的元组((x－x%y)/y,x%y)
enumerate(iterable[,start])	返回包含元素形式为(0,iterable[0]),(1,iterable[1]),(2,iterable[2]),...的迭代器对象
eval(s[,globals[,locals]])	计算并返回字符串 s 中表达式的值
exec(x)	执行代码或代码对象 x
exit()	退出当前解释器环境
filter(func,seq)	返回 filter 对象,其中包含序列 seq 中使得单参数函数 func 返回值为 True 的那些元素,如果函数 func 为 None,则返回包含 seq 中等价于 True 的元素的 filter 对象
float(x)	把整数或字符串 x 转换为浮点数并返回

续表

函　数	功　能　说　明
frozenset([x]))	创建不可变的集合对象
getattr(obj,name[,default])	获取对象中指定属性的值,等价于 obj.name,如果不存在指定属性,则返回 default 的值,如果要访问的属性不存在并且没有指定default,则抛出异常
globals()	返回包含当前作用域内全局变量及其值的字典
hasattr(obj,name)	测试对象 obj 是否具有名为 name 的成员
hash(x)	返回对象 x 的哈希值,如果 x 不可哈希则抛出异常
help(obj)	返回对象 obj 的帮助信息
hex(x)	把整数 x 转换为十六进制串
id(obj)	返回对象 obj 的标识(内存地址)
input([提示])	显示提示,接收键盘输入的内容,返回字符串
int(x[,d])	返回实数(float)、分数(fraction)或高精度实数(decimal)x 的整数部分,或把 d 进制的字符串 x 转换为十进制并返回,d 默认为十进制
isinstance(obj,class-or-type-or-tuple)	测试对象 obj 是否属于指定类型(如果有多个类型的话,需要放到元组中)的实例
iter(…)	返回指定对象的可迭代对象
len(obj)	返回对象 obj 包含的元素个数,适用于列表、元组、集合、字典、字符串以及 range 对象和其他可迭代对象
list([x])、set([x])、tuple([x])、dict([x])	把对象 x 转换为列表、集合、元组或字典并返回,或生成空列表、空集合、空元组、空字典
locals()	返回包含当前作用域内局部变量及其值的字典
map(func,*iterables)	返回包含若干函数值的 map 对象,函数 func 的参数分别来自 iterables 指定的每个迭代对象
max(x)、min(x)	返回可迭代对象 x 中的最大值、最小值,要求 x 中的所有元素之间可比较大小,允许指定排序规则和 x 为空时返回的默认值
next(iterator[,default])	返回可迭代对象 x 中的下一个元素,允许指定迭代结束之后继续迭代时返回的默认值
oct(x)	把整数 x 转换为八进制串
open(name[,mode])	以指定模式 mode 打开文件 name 并返回文件对象
ord(x)	返回 1 个字符 x 的 Unicode 编码
pow(x,y,z=None)	返回 x 的 y 次方,等价于 x**y 或(x**y)%z
print(value,…,sep='',end='\n',file=sys.stdout,flush=False)	基本输出函数
quit()	退出当前解释器环境
range([start,]end[,step])	返回 range 对象,其中包含左闭右开区间[start,end)内以 step 为步长的整数
reduce(func,sequence[,initial])	将双参数的函数 func 以迭代的方式从左到右依次应用至序列 seq 中的每个元素,最终返回单个值作为结果。在 Python 2.X 中该函数为内置函数,在 Python 3.X 中需要从 functools 中导入 reduce 函数再使用

续表

函 数	功 能 说 明
repr(obj)	返回对象 obj 的规范化字符串表示形式,对于大多数对象有 eval(repr(obj))==obj
reversed(seq)	返回 seq(可以是列表、元组、字符串、range 以及其他可迭代对象)中所有元素逆序后的迭代器对象
round(x[,小数位数])	对 x 进行四舍五入,若不指定小数位数,则返回整数
sorted(iterable,key=None,reverse=False)	返回排序后的列表,其中 iterable 表示要排序的序列或可迭代对象,key 用来指定排序规则或依据,reverse 用来指定升序或降序。该函数不改变 iterable 内任何元素的顺序
str(obj)	把对象 obj 直接转换为字符串
sum(x,start=0)	返回序列 x 中所有元素之和,返回 start+sum(x)
type(obj)	返回对象 obj 的类型
zip(seq1[,seq2[...]])	返回 zip 对象,其中元素为(seq1[i],seq2[i],...)形式的元组,最终结果中包含的元素个数取决于所有参数序列或可迭代对象中最短的那个

参考文献

[1] 董付国.Python 程序设计[M].2 版.北京:清华大学出版社,2015.

[2] 嵩天,礼欣,黄天羽.Python 语言程序设计基础[M].2 版.北京:高等教育出版社,2017.

[3] 唐永华,刘德山,李玲.Python 3 程序设计[M].北京:人民邮电出版社,2019.

[4] 刘春茂,裴雨龙,等.Python 程序设计案例课堂[M].北京:清华大学出版社,2017.

[5] 黑马程序员.Python 快速编程入门[M].北京:人民邮电出版社,2017.

[6] 江红,余青松.Python 程序设计与算法基础教程[M].北京:清华大学出版社,2017.

[7] 周元哲.Python 3 程序设计基础[M].北京:机械工业出版社,2019.

[8] 周志化,任玉玲,陆树芬.Python 编程基础[M].上海:上海交通大学出版社,2019.

[9] 张健,张良均.Python 编程基础[M].北京:人民邮电出版社,2018.

[10] 小甲鱼.零基础入门学习 Python[M].2 版.北京:清华大学出版社,2019.